QING SHAO NIAN KE XUE TAN SUO YING

青少年科学探索营

神奇探索之路

何水明 编著　丛书主编 郭艳红

太空：走向太空的道路

汕头大学出版社

图书在版编目（CIP）数据

太空 ：走向太空的道路 / 何水明编著. — 汕头 ：
汕头大学出版社，2015.3（2020.1重印）
（青少年科学探索营 / 郭艳红主编）
ISBN 978-7-5658-1661-1

Ⅰ. ①太… Ⅱ. ①何… Ⅲ. ①宇宙－青少年读物
Ⅳ. ①P159-49

中国版本图书馆CIP数据核字(2015)第026252号

太空：走向太空的道路　　TAIKONG：ZOUXIANG TAIKONG DE DAOLU

编　　著：何水明
丛书主编：郭艳红
责任编辑：汪艳蕾
封面设计：大华文苑
责任技编：黄东生
出版发行：汕头大学出版社
　　　　　广东省汕头市大学路243号汕头大学校园内　邮政编码：515063
电　　话：0754-82904613
印　　刷：三河市燕春印务有限公司
开　　本：700mm×1000mm　1/16
印　　张：7
字　　数：50千字
版　　次：2015年3月第1版
印　　次：2020年1月第2次印刷
定　　价：29.80元
ISBN 978-7-5658-1661-1

前言

科学探索是认识世界的天梯，具有巨大的前进力量。随着科学的萌芽，迎来了人类文明的曙光。随着科学技术的发展，推动了人类社会的进步。随着知识的积累，人类利用自然、改造自然的的能力越来越强，科学越来越广泛而深入地渗透到人们的工作、生产、生活和思维等方面，科学技术成为人类文明程度的主要标志，科学的光芒照耀着我们前进的方向。

因此，我们只有通过科学探索，在未知的及已知的领域重新发现，才能创造崭新的天地，才能不断推进人类文明向前发展，才能从必然王国走向自由王国。

但是，我们生存世界的奥秘，几乎是无穷无尽，从太空到地球，从宇宙到海洋，真是无奇不有，怪事迭起，奥妙无穷，神秘莫测，许许多多的难解之谜简直不可思议，使我们对自己的生命现象和生存环境捉摸不透。破解这些谜团，有助于我们人类社会向更高层次不断迈进。

其实，宇宙世界的丰富多彩与无限魅力就在于那许许多多的难解之谜，使我们不得不密切关注和发出疑问。我们总是不断地去认识它、探索它。虽然今天科学技术的发展日新月异，达到了很高程度，但对于那些奥秘还是难以圆满解答。尽管经过古今中外许许多多科学先驱不断奋斗，一个个奥秘被不断解开，推进了科学技术大发展，但随之又发现了许多新的奥秘，又不得不向新问题发起挑战。

宇宙世界是无限的，科学探索也是无限的，我们只有不断拓展更加广阔的生存空间，破解更多的奥秘现象，才能使之造福于我们人类，我们人类社会才能不断获得发展。

为了普及科学知识，激励广大青少年认识和探索宇宙世界的无穷奥妙，根据中外最新研究成果，编辑了这套《青少年科学探索营》，主要包括基础科学、奥秘世界、未解之谜、神奇探索、科学发现等内容，具有很强系统性、科学性、可读性和新奇性。

本套作品知识全面、内容精炼、图文并茂，形象生动，能够培养我们的科学兴趣和爱好，达到普及科学知识的目的，具有很强的可读性、启发性和知识性，是我们广大青少年读者了解科技、增长知识、开阔视野、提高素质、激发探索和启迪智慧的良好科普读物。

目 录

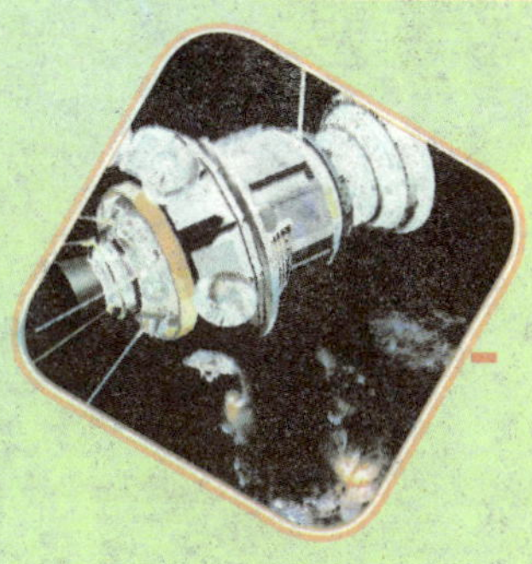

宇宙的活动星系

活动星系的特点

活动星系又称激扰星系，是一种有猛烈活动现象或剧烈物理过程的星系，包括类星体、塞佛特星系、射电星系和蝎虎天体等。

活动星系最主要的特点是：星系中心区域有一个极小且极亮的核，称为活动星系核；有强的非热连续谱；光谱中有宽的发射线。

有的活动星系有快速光变，时标为几小时至几年。有的活动星系有明显的爆发现象，如喷流。活动星系的特点大多数是与活动星系核联系在一起的。

有些活动星系辐射的绝大部分来自星系核，如类星体、蝎虎座BL型天体，其他部分的辐射几乎观测不到。

活动星系核

活动星系核是一类中央核区活动性很强的河外星系。这些星系显得比普通星系活跃，在从无线电波到伽马射线的全波段里都发出很强的电磁辐射，人们将它们称为活动星系。活动星系核是这些星系明亮的核心部分，尺度通常在一光年上下，尽管它们只占整个活动星系的很小一部分。但由于其光度大大超过宿主星系，因此活动星系核通常也指整个活动星系。

从20世纪60年代类星体以来，又相继发现了许多具有类似特征的天体，都是系外星系，统称为活动星系核，共同点是光谱具有很高的红位移，表明距离远在宇宙学尺度上，同时光度很高，远远高于普通的星系。

据进一步的观测显示，这些天体往往具有快速的光变，光变时标从数小时到数日不等，其尺度只占整个星系的很小一部分。

此外，活动星系核的光谱范围非常宽，表现为非热辐射谱，还具有很强的发射线，同时往往伴有喷流现象。几十年来，发现的活动星系核种类繁多，包括西佛星系、类星体、射电星系、蝎虎座BL型天体等，而且不同种类之间观测特征相互混杂。

活动星系的分类

西佛星系：最早被证认的活动星系核。特点是核的亮度高，具有较强的高电离发射线，谱线很宽，有强大、变化的X射线和很强的红外辐射，大部分为旋涡星系，也有不规则星系。根据发射线的宽度、形状可分为Ⅰ型和Ⅱ型，Ⅰ型塞佛特星系具有宽的发射线，Ⅱ型只具有窄的发射线。进一步还可以划分成1.5、1.8、1.9等类型。

类星体：具有非常大的红移，光度很高，光谱中有发射线，可见光波段为幂律谱，多数有X射线辐射，少部分具有很强的射电辐射。

射电星系：具有很强的射电辐射，大部分有两个辐射源，称为双源型射电星系，通常为椭圆星系。根据发射线的宽度大体可分为宽线射电星系和窄线射电星系。

蝎虎座BL型天体：星系核非常亮，短时间的曝光和恒星很类似。光度具有很快的变化，射电辐射有很强的偏振，光谱中既没有吸收线也没有发射线，因此其红移只能从宿主星系的光谱推断出来。

光学剧变类星体：光度具有很快的变化，往往是强射电源。与蝎虎座BL型天体合称耀变体。

低电离核发射线区：核光度比较低，具有低电离的核发射线区，有时发现为低光度的II型塞佛特星系。

窄线X射线星系：具有高电离发射线，类似塞佛特星系，但光度较低。被认为是光谱受到星系内尘埃消光的塞佛特星系。

星爆星系：具有巨大的恒星形成区，红外光度高于可见光光度，大部分为旋涡星系。属于活动星系，但与活动星系核的关系尚无定论。除此之外还有N星系、兹威基星系、高偏振类星体、低光度活动星系核和热星体等。

根据射电波段的辐射，还可以分为射电宁静活动星系核与射电噪活动星系核两大类。其中，射电宁静活动星系核包括低电离核发射线区、塞佛特星系以及部分类星体，射电噪活动星系核包括射电噪类星体、耀变体（包括蝎虎座BL型天体和光学剧变类星体）射电星系等。

活动星系的演化

长期以来，人们一直对它们的机制和演化感到困惑，并投入了大量的人力物力进行研究，使得活动星系核成为20世纪90年代以来天文学最热门和最活跃的研究领域之一。目前被广泛接受的观点认为，活动星系核由超大质量黑洞和吸积盘构成。

依据理论和观测研究，人们建立了活动星系核标准模型，即中央是一个黑洞，周围的物质受到引力作用下落，在黑洞周围形成了吸积盘。由于耗散作用，气体被加热到很高的温度，并逐渐下落到黑洞中央，并且形成了沿吸积盘法线方向的喷流。

活动星系核的观测特征主要依赖于中心黑洞、吸积盘的特征以及观测者的视线方向。

延伸阅读

活动星系的数量约为正常星系总数的1%，其寿命约为一亿年。人类对活动星系的本质了解得还很少，对活动星系的研究已成为星系天文学甚至整个天体物理中最活跃的领域之一。

宇宙间的椭圆星系

椭圆星系的特征

椭圆星系是河外星系的一种，呈圆球型或椭圆型，其中心区最亮，亮度向边缘递减，对距离较近的用大型望远镜可以分辨出外围的成员恒星。

同一类型的河外星系质量差别很大，有巨型和矮型之分。其中

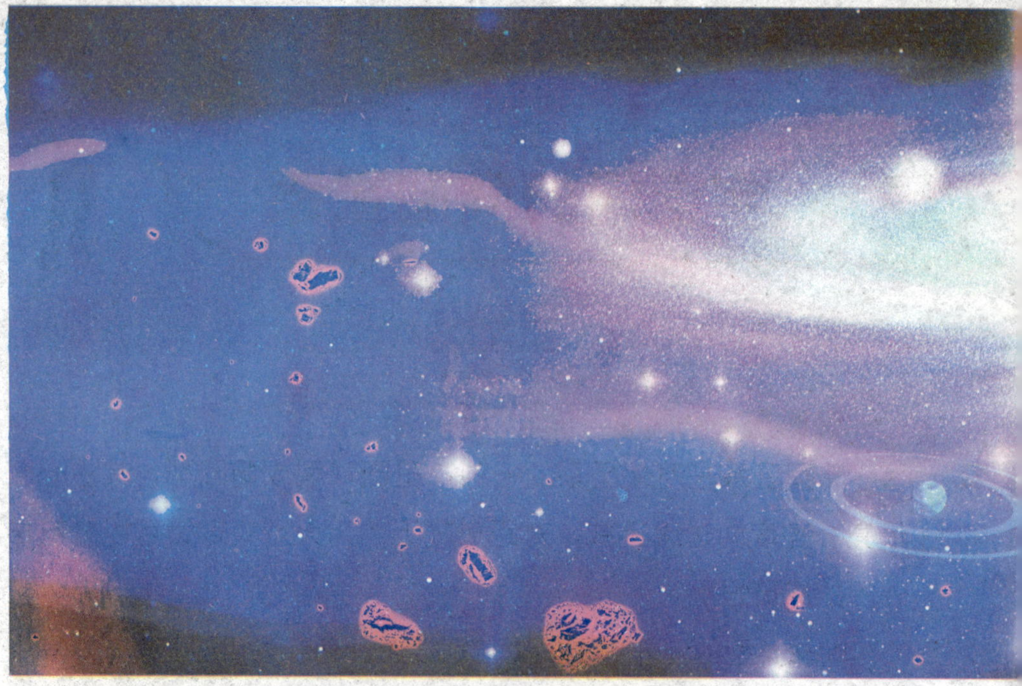

以椭圆星系的质量差别最大。椭圆星系根据哈勃分类，按其椭率大小分为E0、E1、E2、E3……E7共8个类型，E0型是圆星系，E7是最扁的椭圆星系。

质量最小的矮椭圆星系和球状星系相当，而质量最大的超巨型椭圆星系可能是宇宙中最大的恒星系统，质量范围为太阳的千万倍至百万亿倍，光度幅度范围从绝对星等9等到23等。

椭圆星系质量光度比为50至100，而旋涡星系的质光比为2至15。这表明椭圆星系的产能效率远远低于旋涡星系。椭圆星系的直径范围是1至150千米差距。总光谱型为K型，是红巨星的光谱特征。颜色比旋涡星系红，说明年轻的成员星没有旋涡星系里的多，由星族Ⅱ天体组成，没有或仅有少量星际气体和星际尘埃，椭圆星系中没有典型的星族Ⅰ天体蓝巨星。

椭圆星系的形成

关于椭圆星系的形成，有一种星系形成理论认为，椭圆星系是由两个旋涡扁平星系相互碰撞、混合和吞噬而成。据天文观测说明，旋涡扁平星系盘内的恒星的年龄都比较小，而椭圆星系内恒星的年龄都比较大，即先形成旋涡扁平星系，两个旋涡扁平星系相遇、混合后再形成椭圆星系。

还有人用计算机模拟的方法来验证这一设想，结果表明，在一定的条件下，两个旋涡扁平星系经过混合的确能发展成一个椭圆星系。

加拿大天文学家考门迪在观测中发现，某些比一般椭圆星系质量大得多的巨椭圆星系的中心部分，其亮度分布异常，仿佛在中心部分另有一小核。他的解释就是，由于一个质量特别小的椭

圆星系被巨椭圆星系吞噬所致。但是，星系在宇宙中分布的密度毕竟是非常低的，它们相互碰撞的机会极小，要从观测上发现两个星系恰好处在碰撞和吞噬阶段是非常困难的。所以，这种理论的正确性还有待人们去深入探索和验证。

延伸阅读

科学观测表明，椭圆星系中没有什么气体，也找不到年轻的恒星。因为椭圆星系中的所有恒星都是在过去遥远的年代里同时诞生的，这使得星系中的气体被一下子消耗殆尽，所以在后来的漫长岁月里，这个星系再也不能造出新的恒星，老的恒星个个都成为老寿星了。

宇宙里的脉冲星

什么是脉冲星

在恒星世界中，有很多是人们未知的天体和奇特的天体。脉冲星就是其中之一。人们最早认为恒星是永远不变的，其实有些恒星也很“调皮”，并且变化多端。于是，人们就给那些喜欢变化的恒星起了个形象的名字，叫“变星”。脉冲星就是变星的一种。

脉冲星的一般符号是PSR。例如，第一个脉冲星就被记为PSR1919+21。1919表示这个脉冲星的赤经是19小时19分，+21表示脉冲星的赤纬是北纬21度。脉冲星是20世纪60年代天文的四大发现之一。

发射脉冲信号的天体

1967年夏天，著名的英国射电天文学家休伊什和女研究生贝尔发现一个能发射无线电脉冲的天体。1968年2月，他们在英国《自然》杂志发表了一篇轰动世界的文章——《观测到脉冲电源》。后来这个天体被命名为脉冲星。

当时，他们发现这个天体很有规律地发射一断一续的脉冲，每经过1.337秒就重复一次。开始，他们以为是地球上某个无线电台发射的讯号，不过这一假设很快就被否定了。后来又怀疑是从某个具有“超级文明”的星球上发来的电报，最后才肯定这种脉冲信号来自一个未知的天体。

为何会发射脉冲

脉冲星并非或明或暗地闪烁发光，而是发射出恒定的能量流。只是这一能量汇聚成一束非常窄的光束从星体的磁极发射出来。当星体旋转时，这一光束就像灯塔的光束或救护车警灯一样扫过太空。只有当光束直接照射到地球时，我们才能探测到脉冲信号。这样，恒流的光束就变成了脉冲光。

绝大多数的脉冲星可以在射电波段被观测到。少数的脉冲星也能在可见光、X射线甚至γ射线波段内被观测到，例如著名的蟹状脉冲星射电到γ射线的各个波段内会被观测到。

脉冲星的周期

脉冲星发射的射电脉冲的周期性非常有规律。一开始，人们对此很困惑，甚至曾想到这可能是外星人在向我们发电报寻求联系。

1968年，有人提出，脉冲星是快速旋转的中子星。中子星具有强磁场，运动的带电粒子发出同步辐射，形成与中子星一起转动的射电波束。由于中子星的自转轴和磁轴一般并不重合，每当射电波束扫过地球时，就接收到一个脉冲。脉冲的周期其实就是脉冲星的自转周期。

脉冲星靠消耗自转能来弥补辐射出去的能量，因而自转会逐渐放慢。但是这种变慢会非常缓慢，以至于信号周期的精确度能够超过原子钟。而从脉冲星的周期就可以推测出其年龄的大小，周期越短的脉冲星越年轻。

科学家的研究

科学家们对这种脉冲现象进行了仔细认真的研究，确定这是脉冲星自转的结果。它自转一周，我们就观察到一次它辐射的电磁波，因此就形成了一断一续的脉冲。

经研究才知道这种脉冲星就是科学家们早已预言过的中子星。早在1932年，前苏联著名物理学家朗道就推测，宇宙里可能存在一种频度很高的、差不多全由中子组成的中子星。

1934年，美国科学家巴德和兹维基又假定说，中子星可能形成于超新星爆发的过程中。休伊什和贝尔的发现完全符合以上的猜测。

第一，只有非常小的天体，才能迅速旋转。脉冲星就具备这个条件，有的最短周期达0.033秒。第二，就目前发现的脉冲星来看，其中一部分就存在于超新星爆发的遗迹中。

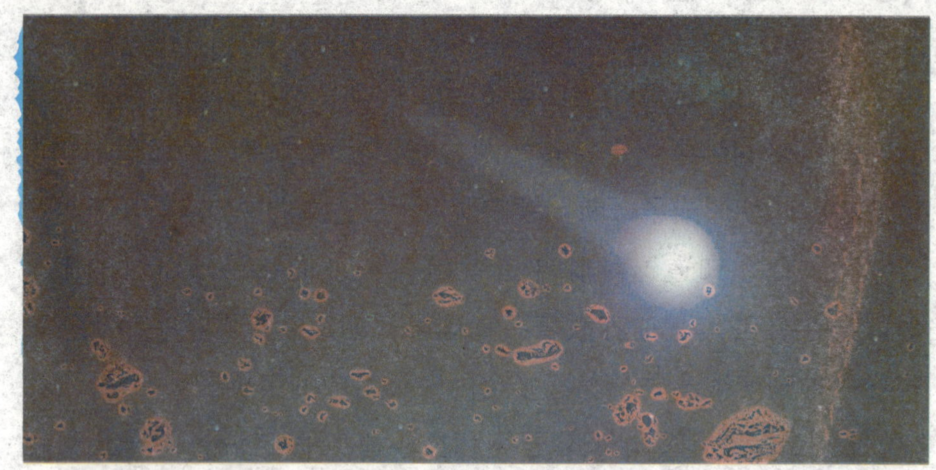

研究发现，脉冲星所在的地方正好是超新星爆发时应该形成中子星的地方。

至此，关于脉冲星的另外一些问题科学上至今还没有答案，比如，脉冲星内部为什么总处于超导状态和超流动状态？为什么只有蟹状星云脉冲星发射光量子？

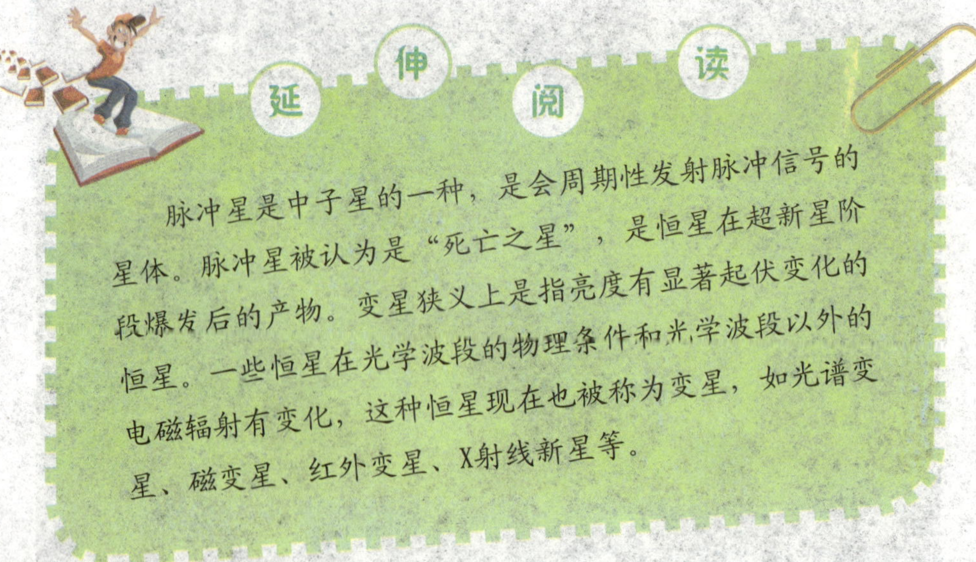

延伸阅读

脉冲星是中子星的一种，是会周期性发射脉冲信号的星体。脉冲星被认为是“死亡之星”，是恒星在超新星阶段爆发后的产物。变星狭义上是指亮度有显著起伏变化的恒星。一些恒星在光学波段的物理条件和光学波段以外的电磁辐射有变化，这种恒星现在也被称为变星，如光谱变星、磁变星、红外变星、X射线新星等。

星体中的“四大金刚”

“四大金刚”都有哪些

谷神星、智神星、婚神星和灶神星是小行星中最大的4颗，被称为“四大金刚”。谷神星处在火星与木星之间的小行星带中。其平均直径为952千米，等于月球直径的1/4，质量约为月球的1/50，和青海省的面积相当，又被称为1号小行星。谷神星是太阳系中已知的体积最大的小行星，也是第一颗被发现的小行星。现在它又是太阳系中最小的，也是唯一的一颗

位于小行星带的矮行星。

2006年6月，美国太空总署发射了Dawn探测器前往谷神星，预计于2015年8月到达。

智神星同样是火星与木星之间的小行星带中较大的一个小行星，直径600千米。这是1802年发现的第二颗小行星。

智神星是第三大小行星，体积与灶神星相似，但质量较小。智神星可能是太阳系内最大的不规则物体，即自身的重力不足以将天体聚成球形。智神星体积虽然甚大，但作为小行星带中间的天体，它的轨道却相当倾斜，而且偏心率较大。

婚神星处于火星和木星的小行星带之间，它在数千万小行星里面体积排第四，直径240千米，也被称为3号小行星。在古罗马神话中，婚神星是助产女神，职能是引导新娘到新家，使婴儿见到光明。在这个小行星上，还有两座叫“贾宝玉”和“林黛玉”的环形山呢！

灶神星是第四颗被发现的小行星，也是小行星带质量最高的天体之一，仅次于谷神星。灶神星的直径约为530千米，质量估计达到所有小行星带天体的9%。

2007年9月27日，北京时间19时34分，“黎明”号探测器在美国佛罗里达州卡纳维拉尔角空军基地由一枚德尔塔2型火箭运载，顺利升空，开始它的星际探索之旅。

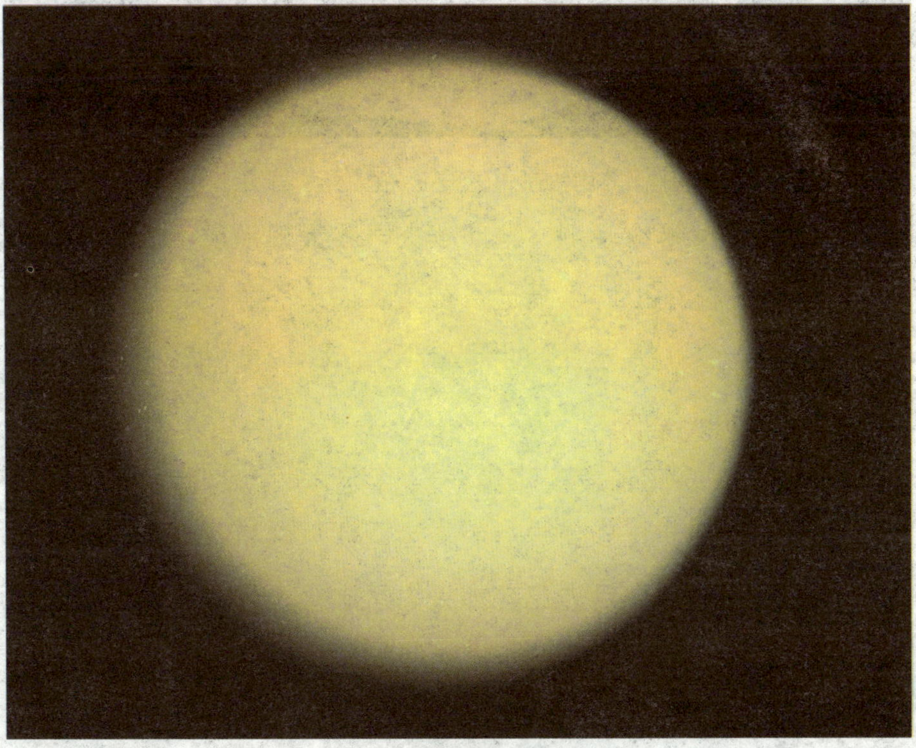

它将远赴火星和木星之间的小行星带，首先探测灶神星，此后再赶往谷神星继续观测，帮助专家寻找太阳系诞生的线索。

按计划它将在2015年抵达谷神星。如果不辱使命，“黎明”号将成为第一个环绕两个不同天体运行的无人探测器。

发现“四大金刚”

1801年，皮亚齐发现了第一颗目标之后，他就宣布他注意到这是一个缓慢并且均匀运动的天体，认为它是不同于彗星的天体。但是之后的几个月皮亚齐却丢失了这个天体的行踪，直至年底才依据德国数学家高斯初步计算出的轨道位置再次找到了它。这个目标就是现在被列为矮行星的谷神星。

智神星由德国天文学家奥伯斯于1802年3月28日发现，是继谷神星之后第二颗被发现的小行星。智神星的轨道倾斜较大。

婚神星是德国天文学家卡尔·哈丁发现的。婚神星是首颗被观测到掩星的小行星。1958年2月19日，在SAO112328前方经过。

此后，又观测了几次婚神星的掩星，成果最丰硕的是1979年12月11日由18位观测者共同完成的。

灶神星，又称第四号小行星，是德国天文学家奥伯斯于1807年3月29日发现的。灶神星和谷神星是火星和木星之间小行星带里个头最大的成员，灶神星是第二大的小行星，仅次于谷神星，并

且是在2.5天文单位的柯克伍德空隙内侧最大的小行星。它的体积与智神星相似(在误差范围内)，但更为巨大一些。

灶神星的形状似乎已经受到重力的影响，是扁圆球体，但是大的凹陷和突出使它在国际天文联合会第26届的大会中被断然地排除在行星之外。因此，灶神星将继续被归类为小行星，仍属于太阳系内的小天体。自从1807年发现灶神星之后，在长达37年的时间中未再发现其他的小行星。

研究“四大金刚”

2003年底至2004年末，哈勃太空望远镜首度拍摄到谷神星的外貌，发现它相当接近球形，并且表面具有的不同的反照率让它

拥有了复杂的地形。

有天文学家甚至推测，谷神星具有冰质的幔及金属的核心。从近年测光的结果表明，智神星的自转轴倾角接近60度，这代表智神星上不同地区的日照长度有强烈的季节性。另外，天文学家仍未能就智神星的自转方向有一致的看法。

透过掩星及测光方法，使天文学家能间接推测智神星的形状。詹姆斯·L·希尔顿在1999年的研究中认为，婚神星的轨道在1839年有微小的改变。这种变动是由于身份尚未获得确认的小行星经过附近而应起的摄动，不可能是由其他天体撞击造成的。

对于灶神星，科学家有大量有力的样品可以研究，有200颗以上的HED陨石可以用于观察灶神星的地质历史和结构。灶神

星被认为有以铁镍为主的金属核心，外面包覆着以橄榄石为主的地幔和岩石的地壳。但是，我们只是了解了“四大金刚”的一部分，更多的细节还需要科学家们不断去探索研究。

延伸阅读

掩星是一种天文现象，指一个天体在另一个天体与观测者之间通过而产生的遮蔽现象。一般而言，掩蔽者较被掩者的视觉面积要大。有天文爱好者认为日食也是月掩星的一种。

谷神星的符号是一把镰刀，与金星的符号相似。金星是象征女性的性别符号和维纳斯手中的镜子。1803年发现的元素铈就是以谷神星的拉丁名称Cerium命名的。

宇宙中的长城

宇宙长城是什么

宇宙长城并不是指某个星系，而是指一大群星系的集合。星系成群出现的现象，叫作星系群，而星系群也有成群出现的现象，叫作超星系团。例如，我们的银河系就属于本星系群，本星系群是本超星系团的成员之一。

科学家通过观测发现，宇宙中的大量星系都集中在一些特定

的区域内，这种极大的尺度结构看上去就像是长长的链条，所以叫宇宙长城，这可比星系的尺度要大得多。

这个结构长约7.6亿光年，宽达两亿光年，而厚度为1500万光年，俨然就是一条不规则的薄带子的样子。被天文学家们形象地称呼为“长城”，后来就被人称为“格勒-赫伽瑞长城”。

宇宙长城的研究

多年来，美国天体物理研究中心的科学家约翰·赫奇勒和玛格特·盖勒一直不断地研究，他们利用首创的三度空间图像可以推测宇宙建立在许多巨大空间的周围。这些空间看起来就像洗脸盆上的肥皂泡，而大大小小的星系就依附在“泡沫”上。有的“肥皂泡”相当大，直径达到15亿光年。

这些“肥皂泡”是怎样产生的呢？构成星系的物质是如何空出这么巨大的区域来的呢？此类问题在科学界引起了激烈争论。有人认为，是大爆炸将物质从空间中心推向四周，从而形成“泡

状”。这种说法存在很大问题，无法解释物质怎么跑完这么长的路程，并形成这么巨大的空间。

这道肉眼看不见的曲线形的“长城”，离地球2亿至3亿光年。由于距离遥远，它在一般的天文摄影照片上显示不出来。它使人们了解到宇宙中最大的发光结构不是银河系中的超星系团。与此同时又给人们一些启示：在太空中会不会还有更大的天体呢？

科学家的发现

2003年10月20日，以普林斯顿大学的天体物理学家丁·理查德·格特为首的一些天文学家启动了一个名为“斯隆数字天空观测计划”的项目，他们利用新墨西哥州阿帕奇角天文台的大型望远镜，对1/4片天空中的100万个星系相对地球的方位和距离进行了测绘，然后把它们描绘在一张《宇宙地图》上面。

在这个地图上面，他们惊讶地看到了这个被命名为“斯隆”的巨大无比的由星系组成的“长城”。这样一种条带状的星系长城并不是第一次被发现。1989年，天文学家格勒和赫伽瑞领导的一个小组就从星系地图上面发现了一个显眼的由星系构成的条带状结构。

科学的再探索

科学家们打开计算机，看到底能不能由现有理论通过模拟计算得到这样一种大范围的条带结构。他

们建立了一个巨大的由星系构成的宇宙模型，用来模拟真实宇宙里面包含了斯隆长城的那部分空间。研究发现用来组成斯隆长城的星系，占到了整个模型里面星系数量的10％。计算结果让天体物理学家们大大松了口气，因为不管是7.6亿光年长的“格勒-赫伽瑞长城”，还是13.7亿光年长的“斯隆长城”，都还不是属于理论无法预测的结构。

延伸阅读

爱因斯坦从宇宙学原理出发，为宇宙列出了一个基本力学方程式，这个方程式能够描述宇宙的演化历史和结构形成。星系测量显示，宇宙很像一块巨大海绵：宇宙中星系聚集呈条带状，被广阔、空旷的地带和巨大的空洞分隔开。

宇宙里的岛屿

宇宙岛是什么

在宇宙产生之初就产生了不均匀的物质。在后来宇宙膨胀的过程中，这些不均匀物质由于引力的作用，逐渐收缩成一个个“岛屿”，这就是星系，人们就将其形象地称作“宇宙岛”或“岛宇宙”。

16世纪末，意大利思想家布鲁诺推测恒星都是遥远的太阳，并提出了关于恒星世界结构的猜想。

至18世纪中期，测定恒星视差的初步尝试表明，恒星确实是远方的太阳。这时，就有人开始研究恒星的空间分布和恒星系统的性质了。

1750年，英国人赖特为了解释银河形态，即恒星在银河方向的密集现象，就假设天上所有天体共同组成一个扁平系统，形状如磨盘，太阳是其中的一员。这就是最早提出的银河系概念。

19世纪中期，德国科学家洪堡又提出了宇宙结构图像。将宇宙比喻为大海，银河系和其他类似的天体系统比喻成海洋中无数的小岛。

宇宙岛的研究

天文学家通过观测，看到宇宙中有许多雾状的云团，便猜测可能是由很多恒星构成的，只是离得太远，人们无法分辨出来罢了。

现在人们观测到的河外星系已达上万个，最远者距银河系达70亿光年。河外星系数目大得惊人，若画一个半径达20亿光年的圆球，其内就含有约30亿个星系，每个星系都包含着数以千亿计的恒星。

英国天文学家赫歇尔首先发现许多星云可分解成恒星群，后来又发现一些星云无法分解，于是他提出了星系并非宇宙岛的观点。

至19世纪，人们借助更大的望远镜进行更仔细的观测，特别是分光术的应用，使人们对星云的观测有了极大进步。只是由于赫歇尔的影响，人们对宇宙岛与星云的关系仍然缺乏正确认识。

宇宙岛起源假说

20世纪，美国展开了关于宇宙岛的争论。人文学家柯蒂斯认为宇宙岛是河外星系，否则它们就是银河系的成员。

另一位天文学家沙普利提出了与柯蒂斯不同的观点。20世纪的20年代，他们展开了激烈争论。

后来，哈勃进行了更精确的测量，证明了河外星系的存在，这场关于宇宙岛的争论才宣告结束。

关于宇宙中的宇宙岛从何处漂移过来的问题，目前仍有很多争论。关于星系起源的理论有很多，有代表性的是引力不稳定性假说和宇宙湍流假说。

引力不稳定性假说认为，在30亿年前，星系团物质由于引力的不稳定而形成原星系，并进一步形成星系或恒星；宇宙湍流假说认为，宇宙膨胀时形成旋涡，它可以阻止膨胀，并在旋涡处形成原星系。

这两种观点都认为星系已形成100亿年，但与其他一些关于星系起源的观点一样，虽然都产生了深远的影响，却都不能完整科学地解释宇宙岛的理论问题。

宇宙岛适宜居住吗

长期以来，到宇宙去生活是人们的一个愿望。于是，科学家们提出了一个设想，就是“宇宙岛”。地球悬于太空中，是一个巨大的椭圆形球。它的特殊的优越条件使几百万种生物能在地球上生存繁衍，科学家们于是以地球为蓝本，设计了一座宇宙岛。

宇宙岛是一个直径500米的空心巨球，球的内壁有住宅、树林和河流等。将这个人造太空球放入宇宙，它每分钟自转两周。

在宇宙岛两极可以办滑翔机俱乐部，由于失重，飞机能长时间在空中自由“散步”。在高纬度地区，可建造医院和疗养院，使那些腿脚不方便的人在重力减小的情况下随意行走。宇宙岛上的气候能任意调节，设在200米高空的管子里的雨水可根据需要降雨。

根据目前的科学水平完全有可能制造出这样的宇宙岛。但每一个太空圆球只能容纳10000个居民，于是科学家们又在设想建造一个巨大的宇宙岛。科学家们希望新的宇宙岛可容纳几百万人，甚至在新宇宙岛上人们还能控制一年四季的变化。

这个计划最初是由美国专家们提出的。据专家们估计，即使不发达国家能较好地控制人口增长，到了2020年地球上也将有80亿人口，进入2035年后全世界人口甚至会突破100亿大关，这会使

地球难以承受。人们一旦进入宇宙空间，便可以每天24小时不停地充分利用太阳能发电、种植作物。

关于宇宙岛的停留位置，专家小组进行了大量研究，这个地点必须是地球和月球对宇宙岛引力相等的地方，使“岛”不至于发生漂流。宇宙岛能否成为人类的新家，还需要科学家进一步的研究和探索。

延伸阅读

宇宙岛这一名称，据哈勃考证，最初出现在德国博物学家洪保德的著作(《宇宙》第三卷，1850年)中，因为它形象地表达了星系在宇宙中的分布，后来就被广泛采用。

宇宙中的“黑色骑士”

“黑色骑士”是什么

1961年，在巴黎天文观测台工作的法国学者雅克·瓦莱发现了一颗运行方向与其他卫星相反的地球卫星，他把这颗来历不明的卫星命名为“黑色骑士”。随后，世界上有许多天文学家按瓦莱提供的精确数据也发现了这颗环绕地球逆向旋转的独特卫星。

1981年，前苏联的一家天文台也证实了“黑色骑士”的存在。法国学者亚历山大·洛吉尔认为，“黑色骑士”可以用与众不同的方式绕地球运行，表明它能够改变重力的影响，而这只有外星来客，即不明飞行物体才能做到。因此，他认为这颗被称作“黑色骑士”的奇特卫星，可能与不明飞行物体有联系。

发现神秘天体

1983年1月至11月间，由美国发射的红外天文卫星在猎户座方向两次发现一个神秘天体。

1988年12月，前苏联科学家和美国科学家在同一时间发现了一颗巨大卫星出现在地球轨道上。

根据前苏联的卫星和地面站跟踪显示，这颗卫星的体积异常巨大，具有钻石般的外形，外围有强磁场保护，内部装有先进的探测仪器，似乎有能力扫描和分析地球上的每一样东西，还装有强大的发报设备，可将搜集到的资料传送到外空中去。

1989年，在瑞士日内瓦召开的记者招待会上，前苏联宇航专家莫斯·耶诺华博士公开了此事。他强调说："这颗卫星是1989年底出现在我们地球轨道上的，它肯定不是来自我们这个地球的。"他还表示，前苏联将会"出动火箭去调查，希望尽量找出真相"。

科学家的研究

随后，世界上有200多位科学家表示愿意协助美苏去研究这颗神秘的卫星。前苏联科学家在20世纪60年代初期首次发现一个离

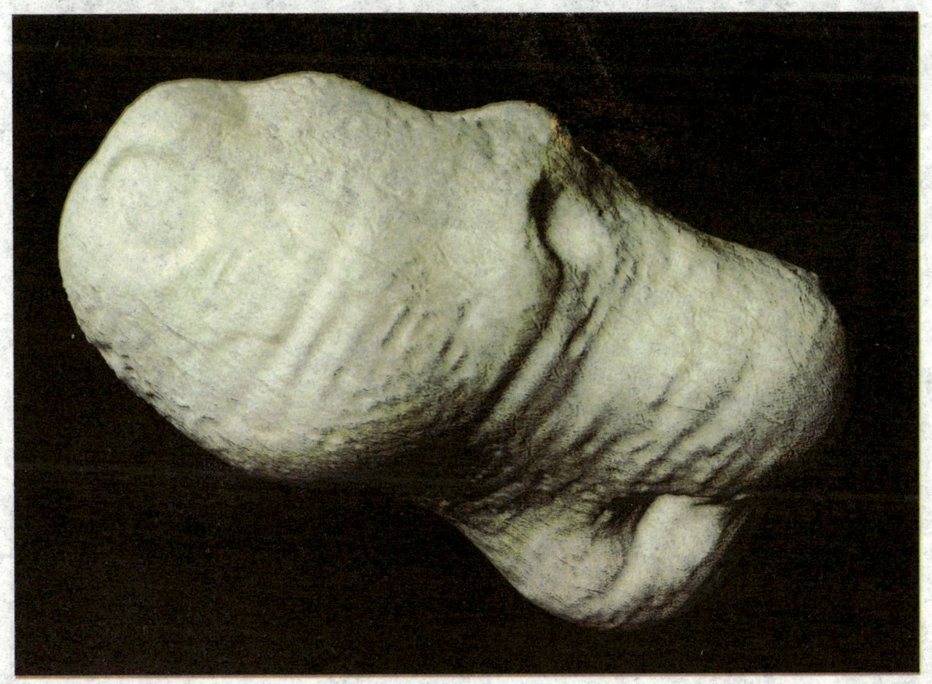

地球达2000千米的特殊太空残骸。经过多年研究，他们才确信那是一艘由于内部爆炸而变成10块碎片的外星太空船残骸，并向新闻界宣布了这个消息，于是引起了全世界的关注。

莫斯科大学的天体物理学家玻希克教授说，他们使用精密的电脑追踪这10片破损残骸的轨道，发现它们原先是一个整体。据推算它们最早是在同一天，即1955年12月18日，从同一个地点分离，显然这是强力爆炸所致。他说："我们确信这些物体不是从地球上发射的，因为前苏联在大约两年之后，也就是1957年10月才将第一颗人造卫星射入太空。"

著名的前苏联天体物理研究者克萨耶夫说："其中两个最大片

的残骸直径约为30米，人们可以假定这艘太空船至少长60米，宽30米，从残骸上看，它的外面有一些小型圆顶，装备有望远镜，还有碟形天线以供通信之用。此外，它还有舷窗供探视使用。”这位研究者补充说：“太空船的体积显示，可能有5层。”

另一位前苏联物理学家埃兹赫查强调说：“我们多年搜集到的所有证据显示，那是一艘机件故障的太空船发生了爆炸。”他还说：“在太空船上极可能还有外星乘员的遗骸。”

科学家的再探索

在前苏联宣布他们发现外太空飞船残骸10年后，一位美国天文学家约翰·巴哥贝曾在科学杂志上发表了一篇文章，提到了有10块不明残片像10个小月亮似的围绕地球运行。他认为，它们来自一个分裂的庞大母体，而这个不明物体分裂的时间就是1955年12月18日。这与前苏联科学家的研究结果不谋而合。同时，约

翰·巴哥贝也驳斥了炸裂物体的存在只是一种自然现象的可能性。

是对，还是错？科学家对此还一无所知，这颗卫星，它的主人到底是谁呢？他们发射该卫星的目的何在？这一切都有待进一步研究。

延伸阅读

红外天文卫星，就是观测红外辐射天体的天文卫星。这类天文卫星主要任务是用红外望远镜对宇宙空间的红外辐射源，包括太阳系天体、恒星、电离氢区、分子云、行星状星云、银核、星系、类星体等进行普查和观测。

宇宙里的四大天王

四大天王都有谁

在星空中的“黄道”上，有4颗明亮的一等星，它们彼此间的相隔大致差不多，基本上可以作为一年中4个季节的代表星，所以人们习惯把它们称为“四大天王”。这4颗星分别是：狮子α、天蝎α、南鱼α和金牛α。

暗淡的狮子座α星

按照西方星座的划分，轩辕十四属于狮子座，称为狮子座α星。按我国古代星座来划分，轩辕十四则属于轩辕星座。轩辕星

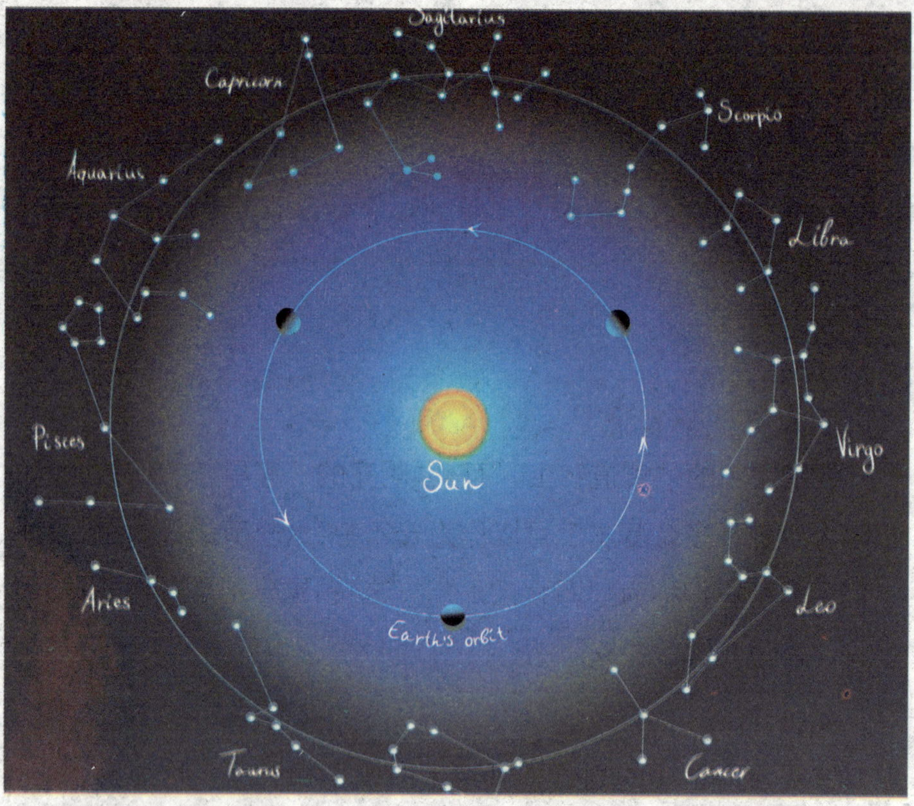

座由17颗星组成，狮子座α星正是其中最亮的星，即主星。

轩辕十四的光呈蓝白色，实际光度比太阳亮150倍。它离我们约77万光年，在亮星表上排名第21位。

它是一颗最暗淡的一等星，因为排在它之后的弧矢七的视星等为+1.5等。它的光度为太阳的260倍，表面温度为12200摄氏度，半径为太阳的3.6倍，质量是太阳的4.5倍。

由于地球的公转，大约每年8月20日，太阳恰好位于地球与轩辕十四之间。

因为在白昼我们无法看见它被太阳遮没的景象。月亮有时也会运行到轩辕十四的连线上，即月亮恰好位于地球与轩辕十四的

连线上，这时我们就可以看见它被月亮遮住的景象了。这种现象被称为“月掩星”。

心宿二是什么星

天蝎座是夏天最显眼的星座，它里面亮星云集，亮度大于4的星就有20多颗。天蝎座在黄道上只占据7度的范围，是12个星座中黄道经过最短的一个。

天蝎座从α星开始直至长长的蝎尾都沉浸在茫茫的银河里。α星恰恰位于蝎子的胸部，因而西方称它为“天蝎之心”。我国古代正好把天蝎座α星划在二十八宿的心宿里，叫作“心宿二”。

天蝎座α星的主星其实是个半规则变星，亮度变化于0.9等星至1.8等星之间，变光周期为48年。表面温度为3600摄氏度，半径为太阳的600倍，表面积是太阳的36万倍，质量却只有太阳的25倍。

因为心宿二的亮度和颜色很像火星，而且两星的运行轨道都

在“黄道”，当火星运行到天蝎座时，两个红星闪耀天空，于是心宿二由此得名。古代波斯将心宿二、毕宿五、轩辕十四和北落师门合称“四大王星”。

火星和天蝎座α星是全天最红的两个天体。火星，荧荧似火，也称荧惑；心宿二色红似火，又称“大火”。若两“火”相遇，则两星斗艳，红光满天。

荧惑是不祥的征兆，而在心宿附近徘徊，所以叫“守”，这种天象在古代人看来是不吉利的现象，认为不是宰相要被撤职就是皇上要死，所以自古以来就引起了人们的极大注意，并把它称为“荧惑守心”。

下一次荧惑守心将发生在2016年4月18日，火星在心宿二附近停留，5月30日火星冲日，在6月30日左右又停留，又改为顺行，8月24日左右火星赤经又与心宿二相等，从而形成荧惑守心的天象。

南鱼座α星孤独吗

南鱼座α星在我国古代被称为“北落师门”，它距地球22光年，它的视星等为1.16，绝对星等2.03，是第18亮星。秋季的亮星很少，它简直是最亮的一颗了。

卡诺·霍夫梅斯特在1948年完成的著作《流星雨》中研究了德国人观测的5406颗流星，并收集到了关于南鱼座α的更多资料。

1910年至1930年的观测结果也说明在7月29日这天，辐射中心位于赤经336度，赤纬-28度。

卡诺·霍夫梅斯特指出，8月2日的另一个极大位于赤经336度，赤纬-28度。他认为这种现象可能与当时也在活动的宝瓶座流星群有关。

引人注目的金牛α星

金牛α距离我们有68光年，半径也比太阳大46倍，从它发出的光呈橘红色可知，其表面温度也只有3000摄氏度左右。由于其

内里的氢已经耗尽，金牛α已由主序星演变为红巨星，靠燃烧氦来继续发光发热。金牛座中最引人注目的天体是肉眼见不到的“蟹状星云”。这是1054年一颗恒星爆炸后遗留下来的“超新星遗迹”，它生动地揭示了恒星演化的重大秘密。

1997年，人们通过观测认为毕宿五可能有一个行星存在，其质量约为木星的11倍，距离毕宿五只有1.3个天文单位。

美国国家航空航天局的无人太空船“先锋10”号离开太阳系后朝着金牛座的方向前进，如无意外，这艘太空船将在200万年后接近毕宿五。

延伸阅读

天文单位是一个长度的单位，约等于地球跟太阳的平均距离，是天文常数之一。是天文学中测量距离，特别是测量太阳系内天体之间的距离的基本单位，地球到太阳的平均距离为一个天文单位。一个天文单位约等于1.496亿千米。

宇宙中的黑洞

黑洞的力量

黑洞是一种引力极强的天体，就连光也不能逃脱。当恒星的史瓦西半径小到一定程度时，就连垂直表面发射的光都无法逃逸了，这时恒星就变成了黑洞。

黑洞的“黑”，是指它就像宇宙中的无底洞，任何物质一旦掉进去，似乎就再不能逃出。由于黑洞中的光无法逃逸，所以我们无法直接观测到黑洞。

然而，可以通过测量它对周围天体的作用和影响来间接观测或推测到它的存在。

黑洞也会发光

黑洞会发出耀眼的光芒，体积会缩小，甚至会爆炸。当英国物理学家史迪芬·霍金于1974年做此预言时，整个科学界都为之震动。

科学家经过研究得出：尽管人们对于黑洞吞噬光线的能力了解得更多一些，但是它们也可以成为灿烂光芒的发源地，被黑洞吞没的物质会在黑洞周围形成一个呈螺旋形运动的“圆盘”，而“圆盘”在剧烈的翻腾过程中所产生的摩擦会将气体加热到白热状态。

天文学家认为，这就是类星体发光的原因。因此，当天文观测的结果开始证明更多的普通星系中央存在着黑洞时，天文学家自然会认为它们是能量已经耗尽的类星体。

黑洞改变星系的形状

20世纪70年代，牛津大学的詹姆斯·宾尼通过计算认为：大多数椭圆形星系的形状都非常奇怪，它们的*X*轴、*Y*轴、*Z*轴中应该有一条较长，而另一条的长度则介于二者之间。椭圆形星系看上去可能有点像一粒西瓜籽，或者一个被压扁的橄榄球。

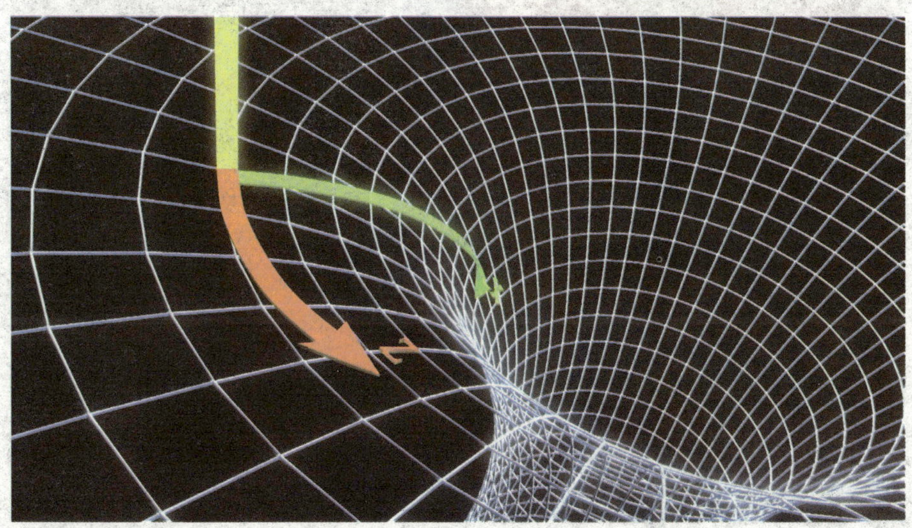

但是，后来的天文学观测表明，大多数椭圆形星系的形状要比宾尼描述得更为对称。因为星系中央的黑洞扰乱了该星系恒星的运行轨道，才使它们变得不稳定。

事实上，我们很难相信黑洞拥有强大的吸力。但是，利用哈勃天文望远镜工作的天文学家公布了一张照片，使关于黑洞的强大吸力之说有了新的证据，从中可以看到宇宙中电子流的喷发。

宇宙黑洞新发现

英国剑桥天文研究所的一个小组利用电脑模拟黑洞"吞噬"物质的情形，发现黑洞原来也有"饱到呕"的时候，这项发现使人们对黑洞的"成长"过程产生疑问。研究

小组负责人普林格尔博士说:“天文学家一般假设黑洞通过吸入物质不断扩大。那表示在银河系的演变过程中，中央黑洞会以极快速度扩张，我们在探索太空时理应可以看到这个过程。”

不过，天文学家却找不到物质被慢慢吸入黑洞继而燃烧发光的现象。电脑模拟过程显示，物质在浮向黑洞之后，随即被“吐”了出来。天文学家早就怀疑有黑洞存在，原因是在黑洞周围旋转的气团及宇宙尘中排放出微弱的辐射，不过天文学家却是到了现在才找到证据证明确实存在黑洞现象。

白洞是否存在

到目前为止，白洞并未被发现。在技术上要发现黑洞，甚至超巨质量黑洞，都比发现白洞要容易。也许黑洞都有对应的白洞。在现实中，白洞可能并不存在，因为真实的黑洞要比这个广义相对论的描述要复杂得多。它们并不是在过去就一直存在，而是在某个时间恒星坍塌后才形成的。这就破坏了时间反演对称性，因此如果顺着倒流的时光往前看，将看不到白洞反而看到黑洞变回坍塌中的恒星。

虽然白洞尚未被发现，但在科学探索上，也许将来有一天天文学家会真的发现白洞的存在。

白洞形成之谜

关于白洞是怎样形成的，科学家们持有两种不同观点。一种观点认为，当宇宙诞生的那一时刻，即当宇宙由原初极高密度、极高温度状态开始大爆炸时，由于爆炸的不完全和不均匀可能会遗留下一些超高密度的物质暂时尚未爆炸，而是要再等待一定的时间以后才开始膨胀和爆炸，这些遗留下来的致密物质即成为新的局部膨胀的核心，也就是白洞。

另一种观点认为，白洞可以直接由黑洞转变过来，白洞中的超高密度物质是由引力坍缩形成黑洞时获得的。黑洞的蒸发使黑洞的质量减小，从而使黑洞的温度升高，蒸发也越演越烈，最后

以一种“反坍缩”式的猛烈爆发而告终。这个过程就是不断向外喷射物质的白洞。

白洞与黑洞一样，只是一种假想，必须在找到确切的证据之后，才可以给它下一个正确的定论。

延伸阅读

黑洞只有三个物理量可以测量到：质量、电荷、角动量。也就是说：对于一个黑洞，一旦这三个物理量确定下来了，这个黑洞的特性也就唯一地确定了，这称为黑洞的无毛定理，或称作黑洞的唯一性定理。

宇宙中的怪物

天文学家的发现

多年前，美国天文学家意外发现了一种特具有攻击性的神秘天体，它正以光速运动着，所到之处贪婪地“吞噬”着恒星和行星。从事恒星和全球特异现象研究多年的美国著名天文家卡

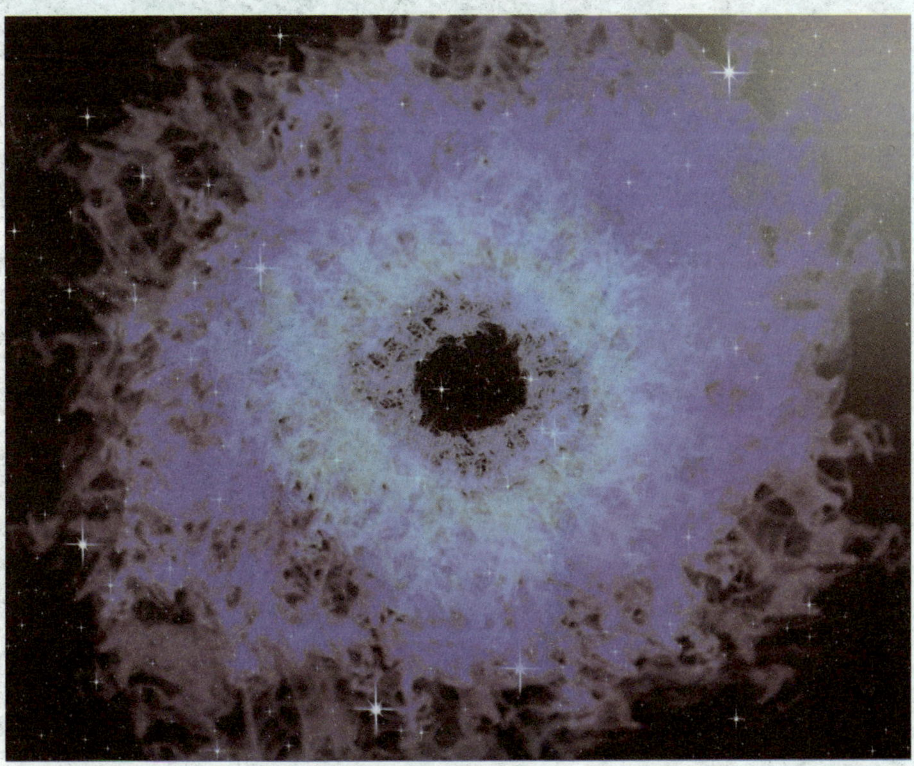

尔·塞沃林博士说："在我的天文学生涯中，从未见过这种宇宙怪物。"

最初，天文学家将其误认为宇宙"黑洞"，即衰亡并发生星体坍缩的恒星，它具有极强的引力进而能"吞噬"其他天体并将其"粉身碎骨"，还能使时间和空间扭曲变形。

天文学家的研究

天文学家对其进行连续观测和详尽研究后发现，宇宙怪物同宇宙"黑洞"之间有着天壤之别，最大的差异是宇宙怪物能从恒星的背后悄悄溜过，还能像一只跟踪猎物的豺狼穿越整个宇宙空间。

至此以后，美国天文学家卡尔·塞沃林博士和他的同行们便对其进行密切关注和观测。天文学家还发现，这个宇宙怪物偶尔还闪烁发光。有时还发现，它还能像鳄鱼吃死动物尸体一样把恒星和行星“咬”成一个个碎块吃掉。

天文学家的推断

天文学家据此推断，在不远的将来，我们地球也会受到这种宇宙怪物的威胁，并且不排除被它吃掉的可能。目前，它正以光速运动着，若照此速度计算，再过10000光年的距离它就会到达地球。

然而，天文学家认为，我们眼下还尚不清楚这个神秘的宇宙

天体究竟是何物，所以难以想象它到底能运动得多快，或许它能以超光速10倍、100倍乃至数千倍的速度运动。如若果真如此，这个宇宙怪物再有几个月时间便会出现在我们地球的附近。

延伸阅读

恒星是由炽热气体组成的，能自己发光的球状或类球状天体。由于恒星离我们太远，不借助于特殊工具和方法，很难发现它们在天上的位置变化，因此古代人认为它们是固定不动的星体。

神奇的太阳耀斑

天文学家的发现

1859年9月1日，两位英国的天文学家分别用高倍望远镜观察太阳。他们同时在一大群形态复杂的黑子群附近看到了一大片明亮的闪光发射出耀眼的光芒。这片光掠过黑子群，亮度缓慢减

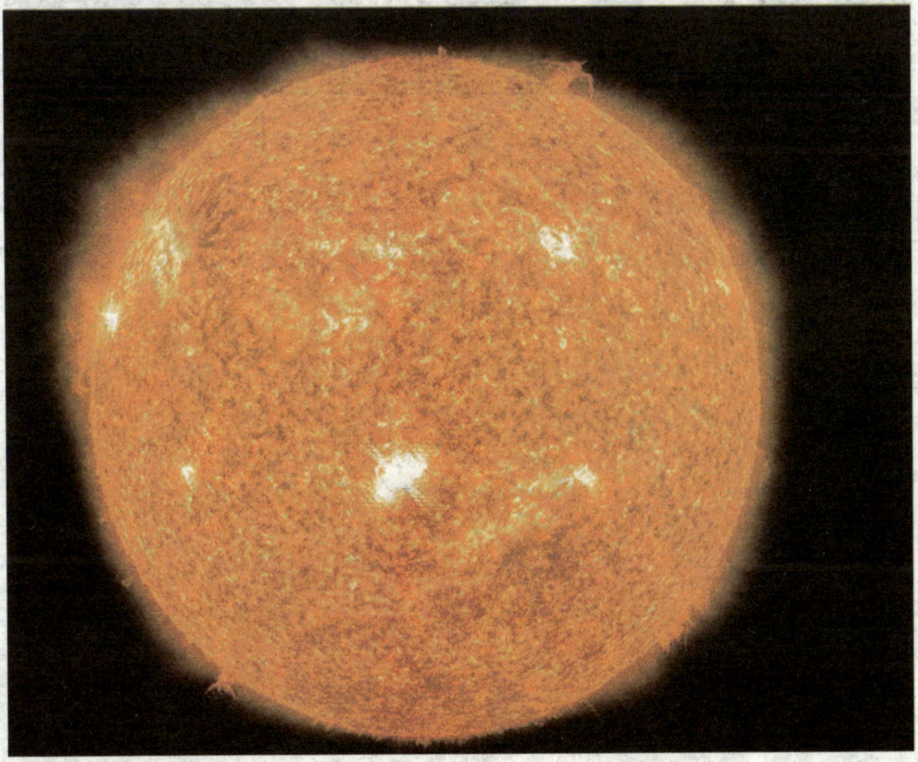

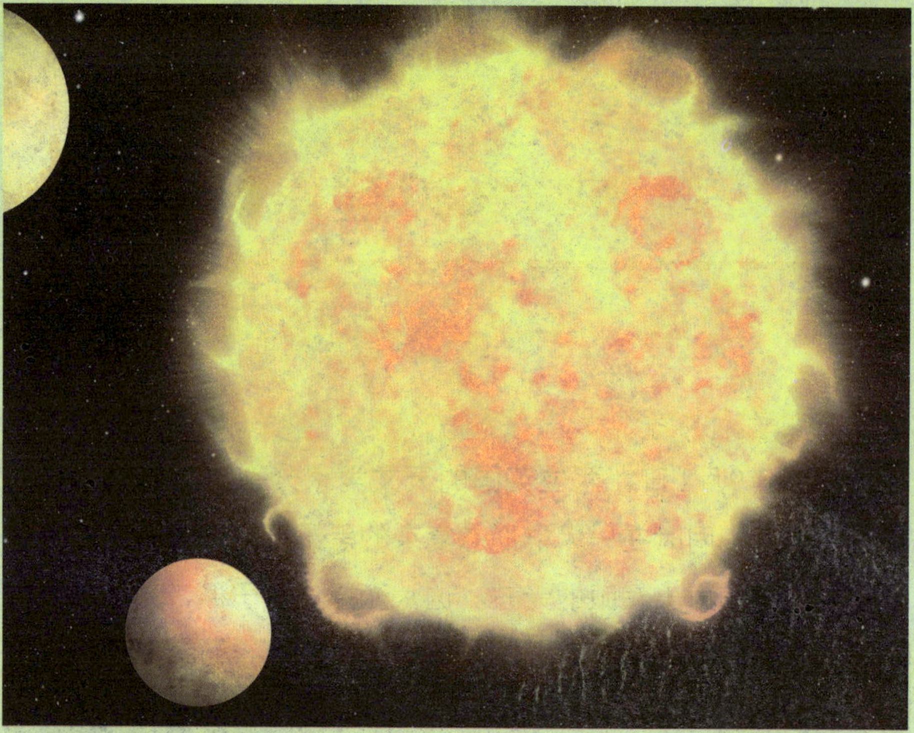

弱，直至消失。这就是太阳上最为强烈的活动现象，即耀斑。

由于这次耀斑特别强大，在白光中也可以见到，所以又叫白光耀斑。白光耀斑是极罕见的，它仅仅在太阳活动高峰时才有可能出现。耀斑的寿命一般只有几分钟，个别耀斑可能长达几小时。

耀斑是色球爆发吗

在明亮的太阳光球之上就是美丽的色球层。太阳色球层中活动最剧烈的是耀斑，也叫作“色球爆发”。用望远镜观察时可以发现，在光球层黑子附近会突然出现局部增亮现象，并在瞬间亮度和面积迅速增大，然后再慢慢消失，人们一般将增亮面积超过了3亿平方千米的称作耀斑，把小于3亿平方千米的称作亚耀斑。

耀斑在爆发时要释放出巨大的能量，大耀斑可在10多分钟内

就释放出10000亿亿尔格至10万亿亿尔格的能量，这相当于100亿颗百万吨级的氢弹爆炸的总能量。

如果发生在地球上，差不多每个人都要承受两颗氢弹的打击，可见它的威力足可以毁灭整个地球。

耀斑是怎么产生的

人们认为，耀斑的能量来自磁场，这是一个巨大的强磁场区域的突然瓦解。但是诱发磁场迅速瓦解的原因，以及它为什么能够释放出那么多的辐射，人们还没有做出科学的解释。

为了解决耀斑这个太阳物理中的最大难题，科学家们提出了几十种耀斑理论的模型，一方面进行地面观测，另一方面发射了

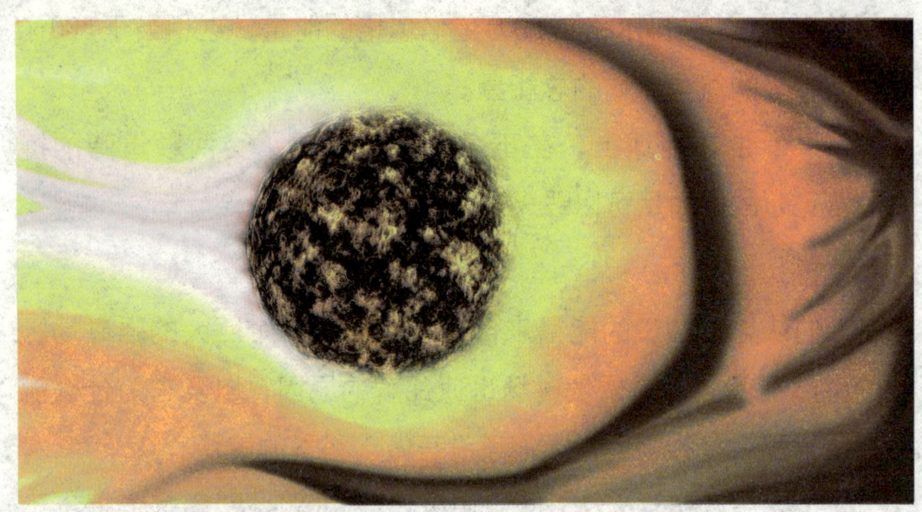

许多航天器在太空中进行全面观测。尽管如此，人们对耀斑的认识还停留在表面阶段，耀斑的许多问题还有待解决。

太阳耀斑爆发

2011年2月15日10时左右，太阳黑子活动区爆发了一次X2.2级耀斑。本次耀斑的爆发引起了我国上空的电离层骚扰，对短波通信构成影响，这是近年来最大级别的耀斑爆发。

耀斑会导致地球日照面的短波信号衰减甚至中断，本次耀斑对我国南方地区的短波通讯造成了一定影响。

在此之前的2月14日凌晨，该活动区曾爆发了一次M6.6级耀斑，太阳射电流量也达到第24太阳活动周的新高。但是耀斑后未见显著的太阳风暴征兆，对地球影响不大。

耀斑对人类有危害吗

色球层的耀斑会产生大量的紫外线、X射线、V射线辐射并抛出大量的高能粒子。它们到达地球后，将会对地球产生强烈的影响。

例如，它们会扰乱地球的磁场，引起磁爆；对于在宇宙航行

的人和其他生物也有生命危险，并且还会使飞船中的仪表受到损坏。特别是强烈的辐射破坏了地球电离层，致使短波通讯中断。

传说，第二次世界大战时的一天，德国前线战事吃紧，后方德军司令部报务员布鲁克正在操纵无线电台传达命令。

突然，无线电台与前线失去联系，顿时司令部陷入一片混乱，战役以失败而告终。布鲁克因此被军事法庭判处死刑。

布鲁克的死在于人们当时对耀斑还不了解。耀斑爆发带来的灾害使人们对耀斑的研究极为重视，并希望能对它进行预报。

科学家的权威解释

太阳耀斑真的会毁灭地球吗?

科学家称，太阳一直处于高放射性的环境当中，太阳活动的

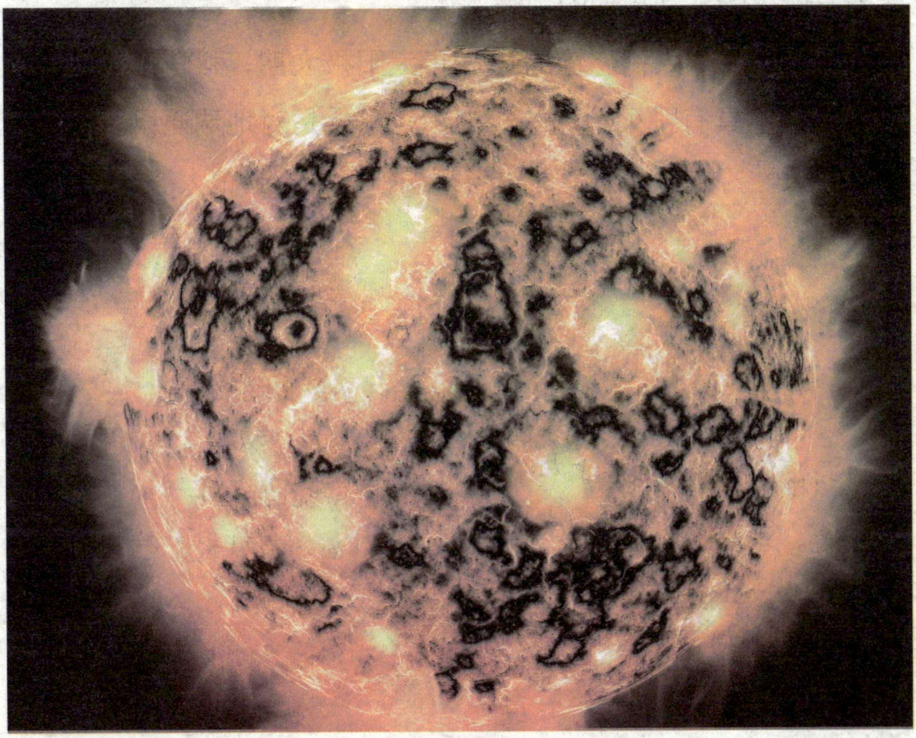

兴起和衰落周期大约是11年。根据最新的观测资料显示，近段时间以来，太阳表面出现了一个中等大小的磁结现象。这可能预示着新一轮太阳活动周期的到来。

对于之前令人们恐怖的2012年太阳极大期，科学家们认为太阳耀斑还不具有毁灭地球的能力，也只会是对地球通讯系统进行一次毁灭性打击，对于地球本身来说，危害不会很大。

延伸阅读

太阳极小期：与太阳极大期相对的是太阳极小期。太阳磁场的歪曲归咎于太阳的自转在赤道比两极略为快了一些，太阳极大期是周期中太阳磁场最纷乱的时期。太阳周期由一个极大期至下一个极大期的时间约为11年，但完整的太阳周期是22年。

星系的红移现象

宇宙红移现象

天体的光或者其他电磁辐射可能由于三种效应被拉伸而使波长变长。因为红光的波长比蓝光的长，所以这种拉伸对光学波段光谱特征的影响是将它们移向光谱的红端，于是全部三种过程都被称为“红移”。

第一类红移

第一类红移在1842年由布拉格大学的数学教授克里斯琴·多普勒做了说明，它是由运动引起的。当一个物体，比如一颗恒星，远离观测者而运动时，其光谱将显示相对于静止恒星光谱的红移，因为运动恒星将它朝身后发射的光拉伸了。类似地，一颗朝向观测者运动的恒星的光将因恒星的运动而被压缩，这意味着这些光的波长较短，因而称它们红移了。

一个运动物体发出的声波的波长(声调)也有与此完全相似的变化。朝向你运动的物体发出的声波被压缩，因而声调较高；离你而去的物体的声波被拉伸，因而声调较低。任何遇到过急救车或其他警车警笛长鸣擦身而过的人，对以上两种情况都不会陌生。

声波和电磁辐射的上述现象都叫作多普勒效应。

多普勒效应引起的红移和蓝移的测量使天文学家得以计算出恒星的空间运动速度，而且能够测定星系自转方式等。天体红移的量度是用红移引起的相对变化表示，称为*z*。

如果*z*=0.1，则表示波长增加了10％等。只要所涉及的速率远低于光速，*z*也将等于运动天体的速率除以光速。所以，0.1的红移意味着恒星以1/10的光速远离我们而去。

第二类红移

1914年，工作在洛韦尔天文台的维斯托·斯里弗发现，15个称为旋涡星云（星系）的天体中有11个的光都显示红移。

1922年，威尔逊山天文台的埃德温·哈勃和米尔顿·哈马逊进行了更多的类似观测。哈勃首先确定了星云是和银河系一样的另外

的星系。然后，他们发现大量星系的光都有红移。

至1929年，哈勃主要通过将红移和视亮度的比较确立了星系的红移与它们到我们的距离成正比的关系，即称为哈勃定律。这个定律仅对很少几个在空间上离银河系最近的星系不成立，例如仙女座星系的光谱显示的是蓝移。

起初，遥远星系的红移被解释成星系在空间运动的多普勒效应，似乎它们全都是由于以银河系为中心的一次爆炸而四散飞开的。但他们很快就意识到，这种膨胀早已蕴含在发现哈勃定律之前十多年发表的广义相对论方程式之中。

当阿尔伯特·爱因斯坦本人于1917年首次应用

那些方程式导出关于宇宙的描述时，它发现方程式要求宇宙必须处于运动状态——要么膨胀，要么收缩。方程式排除了稳定模型存在的可能性。由于当时无人知晓宇宙是膨胀的，于是爱因斯坦在方程式中引入一个虚假的因子，以保持模型静止，他后来说这是他一生“最大的失误”。

去掉那个虚假因子后，爱因斯坦方程式能准确地描述哈勃观测到的现象。方程式表明，宇宙应该膨胀，这并不是因为星系在空间运动，而是星系之间的虚无空间，严格地说是时空在膨胀。

这种宇宙学红移的产生是因为遥远星系的光在其传播途中被膨胀的空间拉开了，而且拉开的程度与空间膨胀的程度一样。

宇宙的衡量标准

由于红移正比于距离，这就给宇宙学家提供了一个测量宇宙的衡量标准。量杆必须通过测量较近星系来校准，虽然这种校准还有一些不确定性，但它仍然是宇宙学唯一最重要的发现。

没有测量距离的方法，宇宙学家就不可能真正开始认识宇宙的本质，而哈勃定律的准确性表明，广义相对论是关于宇宙如何运转的极佳描述。

由于历史原因，星系的红移仍然用速度来表示，尽管天文学家知道红

移并非由自身的空间运动所引起。一个星系的距离等于它的红移“速度”除以一个常数，这个常数叫作哈勃常数，它的数值大约是600000米每秒每百万秒差距，这意味着星系和我们之间距离的每一个百万秒差距将引起600000米每秒的红移速度。对我们最近的邻居来说，宇宙学红移是很小的，而像仙女座星系那样的星系显示的蓝移确实是它们的空间运动造成的多普勒效应蓝移。

遥远的星系团中的星系显示围绕某个中间值的红移扩散度，这个中间值就是该星系团的宇宙学红移，而对于中间值的偏差则是星系在星系团内部的运动引起的多普勒效应。

哈勃定律是唯一的红移/距离定律，除稳定宇宙除外，不论从宇宙中的哪个星系来观测，这个定律看起来都是一样的。每个星系，非常近的邻居除外，退离另一个星系的运动都遵循这条定律，膨胀是没有中心的。这种情形通常被比作画在气球表面的斑点，当气球吹胀时，斑点彼此分开更远，这是因为气球壁膨胀了，而不是因为斑点在气球表面上移动了。从任意一个斑点进行的测量将证明，所有其他斑点的退行是均匀的，完全遵守哈勃定律。

当红移大到相当于大约1/3以上光速时，红移的计算就必须考虑狭义相对论的要求。所以，红移等于2并不表示天体的宇宙学速度是光速的两倍。

事实上，z=2对应的宇宙学速度等于光速的80％。已知最遥远的类星体的红移稍稍大于4，对应的速度刚刚超过光速的90％；星系红移的最高纪录属于一个叫作8C1435+63的天体，其红移值等于4.25。宇宙微波背景辐射的红移是1000。

第三类红移

第三类红移是由引力引起的，而且也是爱因斯坦的广义相对论所阐明的。从一颗恒星向外运动的光是在恒星的引力场中做“登山”运动，因而它将损失能量。当一个物体，比如火箭，在引力场中向上运动时，它损失能量并减速，这就是为什么火箭发动机必须点火才能将它推入轨道的原因。但光不可能减速，光永远以比每秒300000千米小一点点的同一速率c传播。既然光损失能量时不减速，那就只有增加波长，也就是红移。原则上，逃离太阳的光，甚至地球上的火把向上发出的光，都有这种引力红移。但是，只有在如白矮星表面那样的强引力场中，引力红移才大到可测的程度。黑洞可以看成是引力场强大到使试图逃离它的光产生无穷大红移的物体。

所有三类红移可能同时起作用。如果我们的望远镜非常灵敏，能够看见遥远星系中的白矮星的话，那么白矮星光的红移将是多普勒红移、宇宙学红移和引力红移的联合效果。

大多数类星体的红移大于1。如果把类星体红移z解释为多普勒红移，则退行速度v可由下式算出：式中c为光速，z=3.5时，v高达0.9c。红移是河外天体共有的特征。因此，绝大多数天文学家认为，类星体是河外星体。

红移——视星等关系的统计的结果表明，哈勃定律对于河外星系是适用的。也就是说，它们的红移是宇宙学红移，它们的距离是宇宙学距离，它们的红移和视星等是与统计相关的。

类星体与宇宙红移

对于类星体来说，红移和视星等的统计相关性很差，这就产生了两个彼此相关的问题：类星体的红移是否就是宇宙学红移？类星体的距离是否就是宇宙学的距离？

大多数天文学家认为，类星体的红移是宇宙学红移。因此，红移反映了类星体的退行，而且符合哈勃定律。按照这种看法，作为一种天体类型，类星体是人类迄今为止观测到的最遥远的天体。持这种观点的人认为，类星体红移和视星等的统计相关性很差的原因在于类星体的绝对星等弥散太大。如果按照一定的标准将类星体分类，对某种类型的类星体进行红移和视星等统计，则相关性便会显著提高。

支持宇宙学红移的观测事实还有：已发现3个类星体分别位于3个星系团中，而这些类星体的红移和星系团的红移差不多；类星体与某些激扰星系，如塞佛特星系很类似；蝎虎座BL型天体是一种在形态上类似恒星的天体，以前认为它们是银河系内的变星，现已确定，它们是遥远的河外天体。

少数天文学家认为类星体的红移不是宇宙学红移。这种观点所依据的观测事实有：某些类星体和亮星系的抽样统计结果表

明，它们之间存在一定的统计相关性；某些类星体，如马卡良星系205似乎同亮星系之间有物质桥联系，而二者的红移相差极大。

持这种观点的人对红移提出了一些解释。例如，认为类星体是银河系或其附近星系抛出来的，因此认为类星体红移是多普勒红移，而不是宇宙学红移。也有人认为，类星体红移是大质量天体的引力红移。还有一些理论认为，类星体的红移可能是某种未知的物理规律造成的，这就向近代物理学提出所谓的红移挑战。

延伸阅读

多普勒红移是法国物理学家斐索在1848年首先发现的，他指出，恒星谱线位置的移动是由于多普勒效应引起的，因此也称为“多普勒——斐索效应”。

神奇的超星系团

超星系团的提出

从存在宇宙岛的说法被提出以后，人们发现了越来越多的星系和星系团。

大家知道，太阳系之外还有数千亿颗恒星，共同组成了银河系；银河系之外还有千千万万个河外星系。这些星系往往两个一组，三五个一群地分布在宇宙空间，天文学家把它们叫作星系群。

还有比星系群更大的集团，十多个乃至上千个星系聚在一起，叫作星系团。

1953年，著名天文学家德伏古勒分析了亮星系的分布，提出超星系团的概念也

称作二级星系团。他认为，本超星系团的直径约为2500万光年，由本星系群、室女星系团、后发星系团及一些小的星系和星系团构成。

通常在一个超星系团内只含有2至3个星系团。拥有几十个成员星系团的超星系团是不多的——其空间范围大约几千万至几亿光年。

超星系团往往具有扁长的外形，长径范围为6000万秒至10000万秒差距，长短径之比平均约为4:1；这种扁形结构可以说明超星系团通常有自转运动。

超星系团内的成员星系团的速度弥散度大约为每秒1000千米至3000千米，但各成员星系团之间的引力相互作用要比星系团内各成员星系之间的引力作用弱得多，因而有人认为超星系团可能是不稳定的系统。

超星系团的存在表明宇宙空间的物质分布至少在100百万秒差距的尺度上是不均匀的。至于是否所有的星系团都是不同大小的超星系团的成员，由于观测资料的极其不足和分析方法上的困难，这个问题还远未取得一致意见。

综上所述，若干星系团集聚在一起构成的更高一级的天体系统又称二级星系团。该星系群就同附近的50个左右星系群和星系团构成本超星系团。星系团聚合成超星系团的现象叫作星系的超级成团或二级成团。

此外，还有人认为超星系团可以进一步成团，形成三级星系团以至更高级的星系集团。

天文学家的观测

1985年夏天，法国的天文工作者拉帕伦特在美国哈佛的史密森天体物理中心用一架1.5米望远镜对超星系团进行了观测，并绘

制了一张天文图。

她发现星系散布得不同寻常，他们排列在非常薄和非常有限的表面上，这表面包裹着不寻常的泡泡之类的空洞，其直径达两亿光年。

后来，科学家们通过进一步研究发现，这是一个已知的宇宙的最大结构，这一片星系层长约5亿光年，高2亿光年，宽0.15亿光年。

美国天文学家新发现

2010年，美国宇航局派遣一架U—2飞机，在地球北半球高空测定宇宙微波背景辐射的过程中发现了一个特大的超星系团，延伸到20亿万光年的空间。

与我们今天可观测的100亿光年的空间深度相比，这个超星系团占据了很大一部分。一位天文学家感叹道：“宇宙在如此巨大的范围中还存在一定的结构，真是令人拍案叫绝！”

本超星系团

20世纪50年代，沃库勒分析了视星等亮于13的1000多个星系的分布情况，发现这些星系集中在几条带上。由此，他认为，绝大部分较亮的星系属于一个很大的扁平状集团，称为本超星系团。

沃库勒的看法被以后的研究所证实。

本超星系团由本星系群、室女星系团、后发星系团及一些较小的星系群和团组成。其长径在3000万秒差距以上，厚约200万秒差距，质量中心在室女星系团附近。

银河系的位置较接近本超星系团的边缘，离质量中心约1000万秒差至1.2亿万秒差距。

宇宙的构成

美国普林斯顿大学和芝加哥的几位天文学家认为，宇宙既不是由暗物质构成的，也不是由星系之间的空洞构成的，而是由一个巨大的超星系团和一个大空洞构成。

另一些天文学家不同意这种解释，但是也承认超星系团的存

在，甚至有些天文学家认为存在比超星系团更大的星系组合，即第三级星系团。超星系团的存在说明宇宙空间的物质分布至少在100万秒差距的尺度上是不均匀的。

20世纪80年代以后，天文学家发现宇宙空间中有直径达1亿秒差距的星系很少的区域，称为巨洞。

超星系团和巨洞交织在一起，构成了宇宙大尺度结构的基本图像。本星系群所在的超星系团称为本超星系团。然而，这种阶梯式的成团结构是否真的存在呢？人们还在继续观测着。

延伸阅读

室女星系团，因位于室女座方向而得名，包含2500多个星系。平均红移为1180千米/秒，距离1900万秒差距，即6000万光年，是离地球最近一个不规则的星系团。

神秘的新星和超新星

新星和超新星

有时候遥望星空，在某一星区会出现一颗从来没有见过的明亮星星。然而，仅仅过了几个月甚至几天，它又渐渐消失了。这种奇特的星星叫作新星或者超新星。在古代又被称为“客星”，意思是这是一颗“前来做客”的恒星。

新星和超新星是变星中的一个类别。人们看见它们突然出现，一度以为它们是刚刚诞生的恒星，所以取名叫新星。

其实，它们不是新生星体，而是走向衰亡的老年恒星。它们

是正在爆发的红巨星。当一颗恒星步入老年阶段，它的中心会向内收缩，而外壳却向外膨胀，形成一颗红巨星。

红巨星很不稳定，总有一天它会猛烈地爆发，然后抛掉身上的外壳，露出藏在中心的白矮星或中子星来。

在大爆炸中，恒星将抛射掉自己大部分的质量，同时释放出巨大的能量。这样，在短短几天内，它的光度有可能将增加几十万倍，这样的星叫作“新星”。

如果恒星的爆发再猛烈些，它的光度增加甚至能超过1000万倍，这样的恒星叫作“超新星”。

超新星爆发的激烈程度是让人难以置信的。它在几天内倾泻的能量就像一颗青年恒星在几亿年里所辐射的那样多，以致看上去就像一整个星系那样明亮。

超新星的爆发异常猛烈，它以每秒几千米甚至几万千米的速度向外发射能量，可以说是目前已知天体上最激烈的天体活动。

运行速度最快和最大的恒星

2005年，美国天文学家发现了一颗恒星，其运行速度每小时超过240万千米。天文学家推测，这颗星星的运行速度如此之快，很可能是由于约8000万年前，一颗恒星和银河系中心的特大质量的黑洞相遇促成的。不过，这颗高速运转的恒星最终将飞离银河系，这也是人类发现的第一颗将要“逃跑”的恒星。

海山二星是一颗罕见的超巨星，它的质量为太阳的120倍至150倍，位居银河系榜首。海山二星位于银河系的“恒星摇篮地带”，这个位置的附近一直以来是许多恒星诞生的地方。虽然如今光亮不再，但这颗巨星也曾闪亮过，亮度最高的时候人们在白天都可以看到它。

超新星的爆发

我国宋朝的时候就曾记录了一个超新星爆发时的情景：

在1054年7月的一个清晨，突然出现了一个非常非常亮的星体，就是在白天也能看得到，一直持续了23天才渐渐暗淡下去。

18世纪，有一个英国天文学家用望远镜观察出现“客星”的那片天空，发现了一团云雾状的东西，形状有点儿像螃蟹，人们便把它叫作“蟹状星云”。

经研究发现，这团星云还在不断膨胀，根据膨胀速度及其形状的大小，推算出它开始膨胀的时间正是我国宋朝时看到的那颗超新星出现的时间。

新星爆发的原因

观测证据表明，几乎所有的新星爆发都发生在双星系统之内，尤其是在那些密近双星上，如分光双星。在这样的双星系统中，两颗子星靠得很近，以至物质可能从质量较大的子星转移到质量较小的子星上。

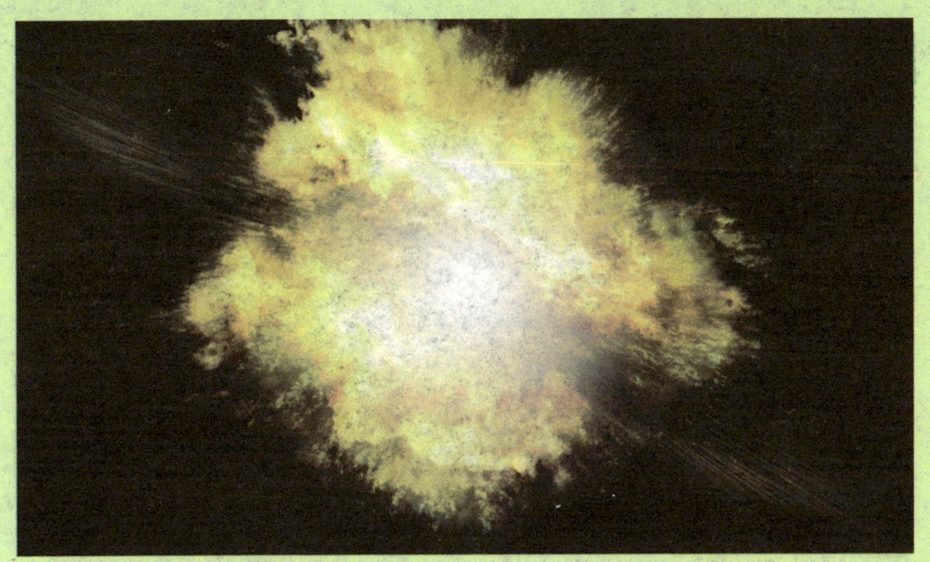

如果密近双星系统是由一颗红巨星和一颗白矮星组成的，当元素氢等物质从红巨星冲向白矮星时，由于白矮星的强大引力场，物质在它的周围形成了一个巨大的吸积盘。大量的物质坠落到白矮星的表面上，同时大量的引力势能转化为热能。当温度超过100万摄氏度时，氢核聚变被重新点燃了。核聚变释放出的能量又把白矮星表层加热到超过1000万摄氏度，这时就会发生新星爆发。

超新星爆炸的原因

关于超新星，人们已经发现了很多，但对其爆炸的原因，还只是处于猜测、设想阶段。

目前一种较有说服力的观点是：恒星从中心开始冷却，它没有足够的热量平衡中心引力，结构上的失衡就使整个星体向中心坍缩，造成外部冷却，而红色的层面变热。如果恒星足够大，这些层面就会发生剧烈的爆炸，产生超新星。

天文学家的探索

20世纪末期，天文学家越来越多地转向用计算机控制的天文望远镜和CCD来寻找超新星。

最近，超新星早期预警系统项目也已开始使用中微子探测器网络来早期预警银河系中的超新星。由于科学的不断进步，会有越来越多的新星和超新星被发现。

延伸阅读

新星，是指一类激变变星，亮度在几天或几星期内上升至极大，然后缓慢下降，经几月或几年恢复到原先的状态。自商代至17世纪末，我国史书记载了新星、超新星大约90颗，其中12颗属于超新星，此纪事在世界上是独一无二的。

天空飞来的陨石

陨石是什么

陨石是地球以外未燃尽的宇宙流星脱离原有运行轨道或成碎块散落到地球或其他行星表面的、石质的、铁质的或是石铁混合物质，也称陨星。大多数陨石来自小行星带，小部分来自月球和火星。

陨石在高空飞行时表面温度达到几千摄氏度。在这样的高温下，陨石表面融化成了液体。后来由于低层比较浓密大气的阻挡，它的速度越来越慢，融化的表面冷却下来，形成一层薄壳，叫熔壳。熔

壳很薄，颜色是黑色或棕色的。在熔壳冷却的过程中，空气流动在陨石表面吹过的痕迹也保留下来，叫气印。气印的样子很像在面团上按出的手指印。

陨石坑的发现

1891年，人们在美国亚利桑那州巴林佳发现了一个直径为1280米深180米的坑穴，坑周围有一圈高出地面40多米的土层，人们叫它“恶魔之坑”。恶魔之坑是一个重达22000多吨的陨石以58000千米的时速撞击地球形成的。然而奇怪的是，这个陨石给人们留下了一个大坑和坑边几块陨石碎片后便消失了。有人估计陨石就落在坑下几百米的地方，可是从来没有人挖出它来加以证明。

据说最大的陨石坑是加拿大加州的陨石坑，直径为3500米，深达400余米，它是1943年美国空军飞机在空中发现的。

探究通古斯陨石

1908年，地处西伯利亚内地通古斯河流的支流恰贝河上游突然发生了惊天动地的大爆炸，使方圆2000千米内的树木全都倒下。据推测，大爆炸是因一颗巨大的陨石坠落造成的。

20世纪后期，一个意大利科学家小组宣称，他们在西伯利亚以西波卡门通古斯河附近一个湖泊下面发现了一个大坑。在研究中，这个科学家小组采用了声音成像技术，对契科湖底进行了勘测。契科湖在通古斯爆炸震中以南约5英里(8千米)处。

据科学家介绍，契科湖凹地并非圆形，很浅，也不陡峭，具备撞击坑的种种特征。凹地向外延伸，湖水不深，长约1640英尺(500米)，最大深度只有165英尺(50米)。没有常见撞击坑(如亚利桑那州流星陨石坑)周围发现的残骸边缘。加斯佩里尼的研究小组

说，契科湖凹地不同寻常的形状恰恰是通古斯大爆炸溅起的陨石碎块撞击到湖面形成的，留下了一个长长的像壕沟一样的大坑。加斯佩里尼研究小组的结论是在1999年通古斯之行的数据基础上得出的。

美国科学家认为，最新研究发现令人很感兴趣，但这个研究小组并没有解答一切有关通古斯大爆炸的疑问。

延伸阅读

1976年3月8日15时许，随着一阵震耳欲聋的轰鸣，空前的陨石雨降临吉林，吉林陨石雨由此成为奇观。当时共收集到较大陨石138块，总重2616千克，现被吉林市博物馆收集展出。其中最大块重1770千克，是目前世界上最大的石陨石。

流星和流星雨

流星为何发声

天空中传来一声尖利刺耳的声音，然后一颗流星放射着金黄色的光芒，飞快地掠过长空消失了，时间只有5秒钟左右。这一现象令人惊奇。怎么会先听到声音，然后才看到流星呢？

尽管许多人都认为这种现象是不可能的，然而世界各地的许多研究者积累的这类资料却是越来越多。

1929年3月1日，前苏联克拉斯诺塔尔州切列多沃村居民先听到一阵响声，随后整个房子都被照亮了，过了一会儿，又听到一声巨响。

最叫人难以理解的是，有些人能听到流星的声音，而另一些人却什么也听不到。例如1934年2月1日一颗流星飞临德国时，25个目击者中只有10个人听到了“啾啾”声和“嗡嗡”声。

1978年4月7日清晨，一颗巨大的流星飞过澳大利亚悉尼的上空，1/3的目击者在流星出现的同时听到了各种各样的声音，其余2/3的人则声称流星是无声的。

电声流星

前苏联一位著名的地质学家、地理学家和天文学家德拉韦尔特给这种奇怪的流星起了非常恰当的名字，即电声流星。

现在，科学家们都一致承认电声流星是客观存在的，但它的秘密至今还没有被揭开。

一些专家认为，所有这一切都是由流星飞行时所发出的电磁波引起的。这些电磁波以光速传播，一些人的耳朵能够通过至今还未知的方式把电磁振荡转换成声音，并且每个人听到的声音也不同，而对另外一些人来说，则什么也听不见。

除此之外，还有一些假说，如静电假说，也就是流星与地面之间的一种振荡放电，超短波假说以及等离子假说等。要想解开流星发声这个谜并不是一件很容易的事，相信不久的将来一定会真相大白。

流星来源

宇宙中那些千变万化的

小石块其实是由彗星衍生出来的。当彗星接近太阳时，太阳辐射的热量和强大的引力会使彗星一点一点地瓦解，并在自己的轨道上留下许多气体和尘埃颗粒，这些被遗弃的物质就成了许多小碎块。

如果彗星与地球轨道有交点，那么这些小碎块也会被遗留在地球轨道上，当地球运行到这个区域的时候，就会产生流星雨。

流星雨的发现

世界上最早的流星雨记录是我国《竹书纪年统笺》中所记载的“帝癸十五年，夜中星陨如雨”，那是发生在公元前16世纪的一次罕见天象。

现在我们知道，流星雨的前身是飞蝗那样的流星群，它们成群结队沿着固有的轨道，一直在绕太阳默默无闻地运行，如果此轨道与地球轨道相交，那么当地球穿过这个交点时，就会闯进

“飞蝗群”，形成壮观的流星雨。由此可见，流星雨是有规律可循的，它们出现的位置、时间几乎都是固定的，所以天文学家能够做出预报。

天文学家的预测

1998年，天文学家曾经预测在11月会出现绚丽的狮子座流星雨，由于媒体的炒作，当时吸引了成千上万的人冒着冬夜的寒峭，耐心地恭候了一个通宵，结果天上只是稀稀拉拉地出现了几颗不大的流星，弄得天文学家好不尴尬。

“狮子座”流星雨是由一颗叫作“坦普尔·塔特尔”的彗星所抛撒的颗粒滑过大气层所形成的。因为形成流星雨的方位在天球上的投影恰好与“狮子座”在天球上的投影相重合，在地球

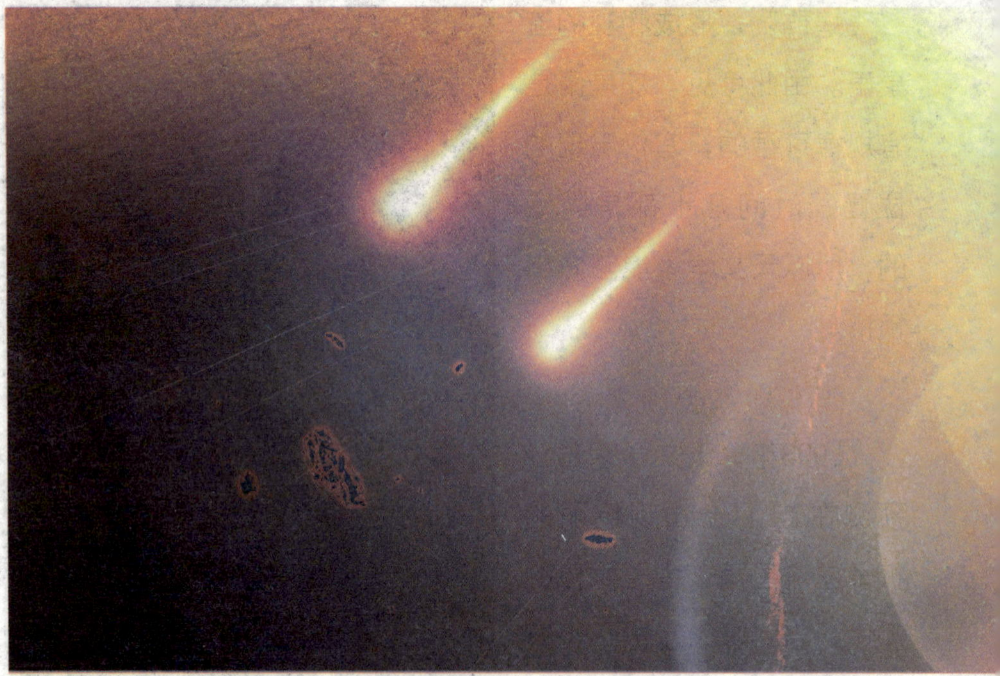

上看起来就好像流星雨是从“狮子座”上喷射出来，因此称之为“狮子座”流星雨。

狮子座流星雨每33年迸发一次高潮，这在过去已经得到了多次证实。早在公元1768年，我国就有关于它的记载，在其他国家的史料中也能找到它的踪影。1799年在南美洲，人类第一次科学地描述了狮子座流星雨的情况。1833年，流星雨的规模达到了惊人的程度。一位美国波士顿的观测者这样描述道：“1833年11月12至13日，一个惊人的场面降临地球，整个天空被流星照亮，成千上万颗‘星星’在天上飞舞。就像下雪时漫天空的雪花在飘扬。”

科学家们估计，在这场长达9小时的流星雨事件中，一个人至少可以看到24万多颗流星。天文学家预言，33年后，即1866年11月还会看到壮丽的流星雨。果然不出所料，欧洲的人们看到了每

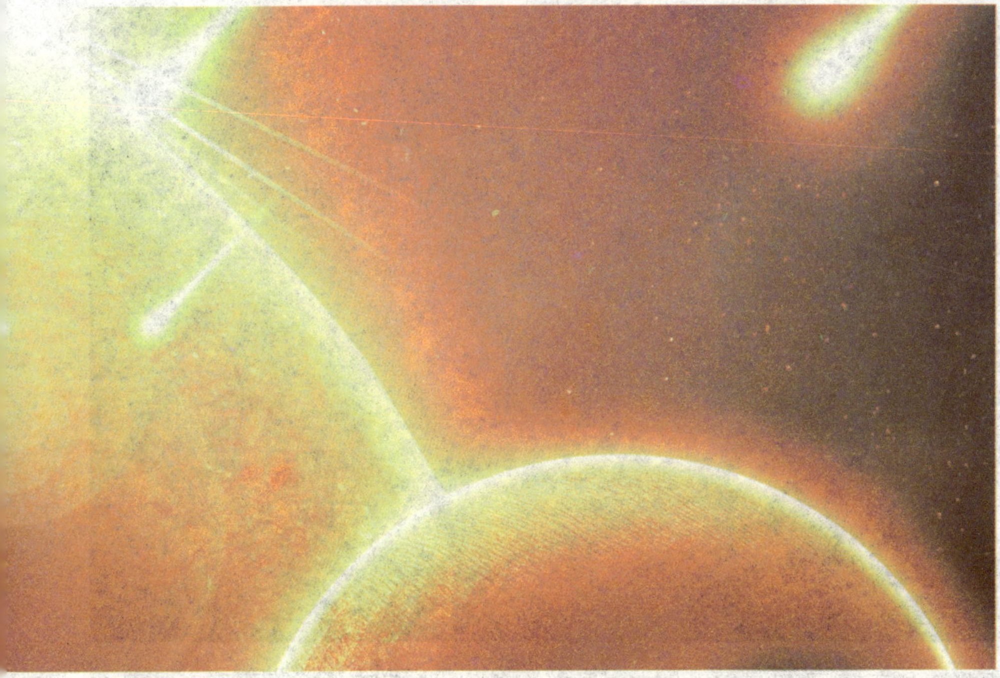

小时达到5000颗的流星雨，北美洲的人们由于月光干扰，每小时看到1000颗，规模不如1833年那样壮观。当人们满怀期望地迎接1899年的狮子座流星雨时，却以失望告终。1932年，人们重燃希望，结果又落空了。人们在1分钟内只看到1颗流星。接连遭受打击的人们对狮子座流星雨不再有什么期望了。

1966年11月17日奇迹出现了。狮子座流星雨又迸发了，美国西部的亚利桑那州到处都能看到一场辉煌无比的流星雨，每小时的流星数超过10万甚至达到14万，持续时间为4小时。

那么，1998年这次为何又悄无声息呢？除了预报的时间有误，它比实际降临迟到了10多个小时外，狮子座流星群的轨道本身也有了一定的变化。实际上，流星群的总质量都很小，所以禁不起任何“风吹草动”，其他行星的引力作用会使它的轨道发生

变化，这样它的高峰期也会随之而变，严重的还会使它的轨道不再与地球轨道相交，这个流星雨就不会来到地球。当然，也有与此相反的情况，原来不相交的变成相交，出现新的流星雨。

延伸阅读

流星雨：看起来像是流星从夜空中的一点迸发并坠落下来。这一点或这一小块天区叫作流星雨的辐射点。通常以流星雨辐射点所在天区的星座给流星雨命名，以区别来自不同方向的流星雨。

奇异的物质和光束

神秘事件的发生

1980年6月14日凌晨1时左右，在距乌拉圭境内圣何塞省离蒙得维的亚90千米的一个地方，63岁的铁匠胡安·费罗切正躺在床上听收音机，他的妻子睡在他的身边。

突然，他觉得有一种奇怪的声音从外面传来，他不禁侧过头向窗外望去，只见两个样子很怪的年轻人，他们是一男一女，穿着贴身的连裤服，神态高傲地盯着费罗切刚刚扭亮的门

灯。那个少年看见费罗切便毫不犹豫地向他走来，费罗切以为是小偷，赶紧跳下床去用力把门顶住，可是无济于事，那少年用手只轻轻一推，门就开了。

惊慌失措的费罗切急忙捉住少年的手，哪知刚一碰触，一种被人放在火焰上烧烤般的剧烈疼痛就迫使他缩回了手。

当他的妻子赶出来时，只见丈夫痛苦地把手垂着，其他什么也没看见。她仔细查看丈夫的手，发现上面布满红色的小斑点。

后来调查发现，他的手伤正处于结痂阶段。他们在费罗切的手心上数出了几个点状伤痕，它们毫无规律地散布在手心上。同时，调查人员发现，那天晚上，费罗切家里的电表显示，消耗的电竟达千瓦，相当于他家一个多月的耗电量。

骇人听闻的怪事

1985年9月，在法国施特拉堡留学的索马里学生丹雷·戈霍回到首都摩加迪沙度假。9月3日黄昏，他与中学同学到郊外林地兜风。他们在林子里随着录音机播放的迪斯科乐曲跳舞。

忽然，从东北方向传来一阵刺耳的声音，他们不约而同地循

声望去，只见天空中有几片白云，转瞬间看见两束橙红色的光。

一会儿，有个白色的光球飞近，竟然是一个庞大的发光物体，它的两束夺目的光不停地在移动扫射。

几个年轻人随即卧倒在地，屏息凝视，当光芒射到他们身上时，伴随着一阵剧烈的烧灼感，他们立即不省人事了。

他们醒来时，已是深夜时分，那带电的庞然大物已不知去向。他们骑上摩托车返回家里。

第二天，他们向附近的民卫队报告了昨夜的经历，值班队长阿里赫中尉立即将谈话录音向上级做了报告。

16时，阿里赫中尉带着几名队员跟随丹雷·戈霍等人到事故现场进行调查。几个年轻人一会儿蹲下，一会儿卧倒，重新重复

了那天傍晚的动作情景。

到了傍晚时分，他们的脸部和胳膊开始发痒，并泛出红色，好像皮下出血，来到市立医院求诊，大夫说是由强光照射过久或大火炙烤的结果。

进一步研究

1985年9月8日上午，阿里赫中尉又把几个年轻人带到现场，同去的还有一位叫穆吉姆的民航局工程师。

他用水准仪、照相机等器材精确地测量了飞行物的位置及放

射现象，结果表明：地面那个直径为3米多的圆圈范围内有焙烤症状，土壤中的沙粒都已经玻璃化，深度达0.1米。同时，仪器的指数显示，焙烤圈内有明显的放射线反应，有光束扫射过的地面和树干上也有轻微的放射线反应。

他们从圈内取出6盒样土和杂草标本经过化验，证实土壤中的碳遭遇过严重破坏，杂草受过焙烤，水分严重缺损。穆吉姆工程师当即判断出，他们所说的那个怪物是UFO。

我们所谈到的空中来客所产生的带电的强烈光束既能置人于

死地，又能让困扰人类多年的恶疾化为乌有，加上不明物体散落的不明金属粉屑等。那么，这些光束、粉屑究竟从何而来？目前还没有答案，科学家们正在孜孜不倦地研究，以待早日揭开它们神秘的面纱。

延伸阅读

从20世纪40年代开始，有人发现美国上空出现碟状飞行物，这是当代对不明飞行物的兴趣的开端，后来人们着眼于世界各地的不明飞行物报告，但至今尚未发现确实可信的证据。许多不明飞行物照片经专家鉴定为骗局，有的则被认为是球状闪电，但始终有部分发现根据现存科学知识无法解释。